AutoUni – Schriftenreihe

Band 125

Reihe herausgegeben von/Edited by
Volkswagen Aktiengesellschaft
AutoUni

Die Volkswagen AutoUni bietet Wissenschaftlern und Promovierenden des Volkswagen Konzerns die Möglichkeit, ihre Forschungsergebnisse in Form von Monographien und Dissertationen im Rahmen der „AutoUni Schriftenreihe" kostenfrei zu veröffentlichen. Die AutoUni ist eine international tätige wissenschaftliche Einrichtung des Konzerns, die durch Forschung und Lehre aktuelles mobilitätsbezogenes Wissen auf Hochschulniveau erzeugt und vermittelt.

Die neun Institute der AutoUni decken das Fachwissen der unterschiedlichen Geschäftsbereiche ab, welches für den Erfolg des Volkswagen Konzerns unabdingbar ist. Im Fokus steht dabei die Schaffung und Verankerung von neuem Wissen und die Förderung des Wissensaustausches. Zusätzlich zu der fachlichen Weiterbildung und Vertiefung von Kompetenzen der Konzernangehörigen, fördert und unterstützt die AutoUni als Partner die Doktorandinnen und Doktoranden von Volkswagen auf ihrem Weg zu einer erfolgreichen Promotion durch vielfältige Angebote – die Veröffentlichung der Dissertationen ist eines davon. Über die Veröffentlichung in der AutoUni Schriftenreihe werden die Resultate nicht nur für alle Konzernangehörigen, sondern auch für die Öffentlichkeit zugänglich.

The Volkswagen AutoUni offers scientists and PhD students of the Volkswagen Group the opportunity to publish their scientific results as monographs or doctor's theses within the "AutoUni Schriftenreihe" free of cost. The AutoUni is an international scientific educational institution of the Volkswagen Group Academy, which produces and disseminates current mobility-related knowledge through its research and tailor-made further education courses. The AutoUni's nine institutes cover the expertise of the different business units, which is indispensable for the success of the Volkswagen Group. The focus lies on the creation, anchorage and transfer of knew knowledge.

In addition to the professional expert training and the development of specialized skills and knowledge of the Volkswagen Group members, the AutoUni supports and accompanies the PhD students on their way to successful graduation through a variety of offerings. The publication of the doctor's theses is one of such offers. The publication within the AutoUni Schriftenreihe makes the results accessible to all Volkswagen Group members as well as to the public.

Reihe herausgegeben von/Edited by
Volkswagen Aktiengesellschaft
AutoUni
Brieffach 1231
D-38436 Wolfsburg
http://www.autouni.de

Weitere Bände in der Reihe http://www.springer.com/series/15136

Christoph Kröger

Stöchiometrisches heterogenes Dieselbrennverfahren im stationären und instationären Motorbetrieb

Christoph Kröger
Wolfsburg, Deutschland

Zugl.: Dissertation, TU Braunschweig, 2018

Die Ergebnisse, Meinungen und Schlüsse der im Rahmen der AutoUni – Schriftenreihe veröffentlichten Doktorarbeiten sind allein die der Doktorandinnen und Doktoranden.

AutoUni – Schriftenreihe
ISBN 978-3-658-22500-1   ISBN 978-3-658-22501-8   (eBook)
https://doi.org/10.1007/978-3-658-22501-8

Die Deutsche Nationalbibliothek verzeichnet diese Publikation in der Deutschen National-bibliografie; detaillierte bibliografische Daten sind im Internet über http://dnb.d-nb.de abrufbar.

Stöchiometrisches heterogenes Dieselbrennverfahren im stationären und instationären Motorbetrieb

Von der Fakultät für Maschinenbau

der Technischen Universität Carolo-Wilhelmina zu Braunschweig

zur Erlangung der Würde

einer Doktor-Ingenieurin oder eines Doktor-Ingenieurs (Dr.-Ing.)

genehmigte Dissertation

von: Christoph Kröger

aus: Hamburg

eingereicht am: 22.06.2017

mündliche Prüfung am: 11.01.2018

Gutachter: Prof. Dr.-Ing. Peter Eilts

Prof. Dr.-Ing. Hermann Rottengruber

2018

Fällst du siebenmal, stehe achtmal auf.
Nur Siege und keine Niederlagen kennen ist von Nachteil.
Japanische Weisheiten

Vorwort

Die vorliegende Dissertation entstand während meiner dreijährigen Anstellung als Doktorand bei der Volkswagen AG. Ich war in dieser Zeit in der Konzernforschung Antriebe in der Abteilung Brennverfahren Diesel tätig.

An dieser Stelle möchte ich den Personen danken, die mich während der Anfertigung meiner Dissertation unterstützt haben und auch darüber hinaus mir mit Rat und Tat zur Seite standen. Allen voran danke ich Herrn Prof. Dr.-Ing. Peter Eilts, Leiter des Instituts für Verbrennungskraftmaschinen für die Betreuung meiner Arbeit seitens der Technischen Universität Braunschweig. Ich danke Herrn Prof. Dr.-Ing. Hermann Rottengruber, Leiter des Instituts für Mobile Systeme der Otto-von-Guericke-Universität Magdeburg, für das Interesse an der Arbeit und die Übernahme des Zweitgutachtens sowie Herrn Prof. Dr.-Ing. Ferit Küçükay, Direktor des Instituts für Fahrzeugtechnik der Technischen Universität Braunschweig, für den Vorsitz der Promotionskommission. Herrn Dr.-Ing. Aiko Mork danke ich für die Betreuung der Arbeit seitens der Volkswagen AG. Ich danke auch den übrigen Kollegen der Unterabteilung K-EFAV/D für die gute Zusammenarbeit und allen weiteren Kollegen der Antriebsforschung, die mir stets hilfreich bei meinen Herausforderungen zur Seite standen. Besonderer Dank geht an Herrn Timo Lemke und die Kollegen des Technikums der Konzernforschung, ohne deren Unterstützung ich die Versuche am Prüfstand und im Fahrzeug nicht hätte durchführen können. Außerdem danke ich den von mir betreuten Studenten für ihre Unterstützung am Prüfstand und am Versuchsfahrzeug mit ihrer engagierten und zuverlässigen Arbeitsweise. Dem Volkswagen Doktorandenkolleg danke ich für die tolle Gemeinschaft und die wertvollen Erfahrungen.

Abschließend möchte ich den Menschen danken, die mich auf meinem Lebensweg begleitet haben und mir mit Unterstützung, Anregung und Motivation zur Seite standen. Dazu zählen allen voran meine Mutter und meine Schwester.

Christoph Kröger

Inhaltsverzeichnis

Abbildungsverzeichnis

Tabellenverzeichnis

Abkürzungsverzeichnis

1/min	Umdrehungen pro Minute
3WC	Drei-Wege-Katalysator
AG	Aktiengesellschaft
AGR	Abgasrückführung
AI50%	50 % Energieumsetzungspunkt
Al_2O_3	Aluminiumoxid
AV	Auslassventil
AÖ	Auslass öffnet
$BaCO_3$	Bariumcarbonat
$Ba(NO_3)_2$	Bariumnitrat
b_e	Spezifischer effektiver Kraftstoffverbrauch
BV	Realer Brennverlauf
°C	Grad Celsius
C	Kohlenstoff
CADC	Common Artemis Driving Cycle
Ce_2O_3	Cer(III)-oxid
CeO_2	Cer(IV)-oxid
CNG	Compressed Natural Gas
CO	Kohlenmonoxid
CO_2	Kohlendioxid
Cr	Chrom
C_xH_y	Kohlenwasserstoffe
Δ	Differenz
$\Delta_R H$	Reaktionsenthalpie
DOC	Diesel Oxidationskatalysator
DRZ	Drehzahl
EDC	elektronsiche Dieselregelung
EGR	Abgasrückführung
ε	Verdichtungsverhältnis
ES	Einlass schließt
η	Wirkungsgrad
ETK	Emulatortastkopf
EU 4/5/6	Abgasnorm Euro 4/5/6 für Pkw
EU IV/V/VI	Abgasnorm Euro IV/V/VI für Nkw
EV	Einlassventil
EX	Expansion
FSN	Filter Smoke Number
ft^3	Kubikfuß
g	Gramm
GR	Gleichraumprozess

GVW	Fahrzeuggesamtgewicht
GVWR	zulässiges Gesamtgewicht
H_2	Wasserstoff
h	Stunde
$(H_2N)_2CO$	Ammoniumcyanat
H_2O	Wasser
HC	Kohlenwasserstoffe
HCHO	Formaldehyd
HCN	Cyanwasserstoff (Blausäure)
HD	Hochdruck
HNCO	Isocyansäure
hPa	Hektopascal
Hz	Hertz
ILW	idealer Ladungswechsel
J	Joule
K	Kelvin
κ	Isentropenexponent
kg	Kilogramm
km	Kilometer
KO	Kompression
kW	Kilowatt
KW	Kurbelwinkel
λ	Luftverhältnis
lbs	Pfund
l_{st}	stöchiometrischer Luftbedarf
LSU	Lambda-Sonde Universal, stetige Sonde
Md	Drehmoment
MDB	Modularer Dieselbaukasten
m_K	Kraftstoffmasse
m_L	Luftmasse
mm	Millimeter
$\dot{m}$	Massenstrom
ms	Millisekunde
n	Drehzahl
N	Newton
n.	nach
N_2	Stickstoff
ND	Niederdruck
NEDC	New European Driving Cycle
Nfz	Nutzfahrzeug
Ni	Nickel
NH_3	Ammoniak
Nkw	Nutzkraftwagen
nm	Nanometer

Nm	Newtonmeter
NO	Stickstoffmonoxid
NO_2	Stickstoffdioxid
NO_x	Stickoxide
NSK	Stickoxidspeicherkatalysator
NW	Nockenwelle
O_2	Sauerstoff
OH	Hydroxyl-Radikal
OT	Oberer Totpunkt
p	Druck
PAK	polyzyklische aromatische Kohlenwasserstoffe
Pd	Palladium
PEMS	Portable Emission Measurement System
PF	Dieselpartikelfilter
Pkw	Personenkraftwagen
PM	Partikelmasse
ppm	parts per million
Pt	Platin
PZ	Partikelanzahl
RB	Reibung
RK	Reale Kalorik
Rh	Rhodium
RL	Reale Ladung
RLW	Realer Ladungswechsel
s	Sekunde
SCR	Selective Catalytic Reduction
Σ	Summe
SMD	durchschnittlicher Sauterdurchmessser
SP	Schwerpunktlage
THC	Gesamtzahl aller Kohlenwasserstoffe
U	Spannung
UT	Unterer Totpunkt
UV	unvollständige Verbrennung
VTG	variable Turbinengeometrie
VE	Voreinspritzung
W	Arbeit
WHSC	World Harmonized Stationary Cycle
WHTC	World Harmonized Transient Cycle
WLTC	Worldwide Harmonized Light Vehicles Test Cycle
WW	Wandwärmeverluste

Abstract

Continued aggravation of emission legislation, introducing new driving cycles and the recording of the so-called off-cycle emissions require innovative measures to reduce the pollutant emissions of the diesel engine, in particular nitrogen oxide emissions. Storage catalytic converter -or SCR-, the previous nitrogen oxide treatment systems include increased cost and system expenses. This dissertation further develops the approach of the stoichiometric diesel combustion system which allows the use of a three-way catalytic converter (converts in addition to carbon monoxide and hydrocarbons also nitrogen oxides) for cost reduction and simplification of the exhaust aftertreatment. The stoichiometric diesel combustion process will be examined and evaluated on its emission reduction potential and fuel consumption in steady-state and, unlike previous works, also in transient operation in various test cycles in experimental trials with a close-to-production four-cylinder diesel engine on an engine test bench and in a test vehicle.

The steady-state stoichiometric combustion process will be applied to the test engine and the influence of the air-fuel ratio on emissions, the conversion rate of the catalysts used and the efficiency and the fuel consumption respectively examined and determined. In order to improve the conversion rate a well-known cyclical forced excitation of the air-fuel ratio from the gasoline engine will be applied. As a result of the stoichiometric combustion process fuel consumption and soot emissions increase and under certain conditions ammonia is formed.

For the transient operation a load-dependent distribution of the engine characteristics in a conventional over-stoichiometric and a stoichiometric range appears to be constructive, an oxygen-clear-out mode of operation adapted from a gasoline engine improves the conversion performance of the three-way catalytic converter in the transition phase to stoichiometric operation. For the test cycles WHSC/WHTC, NEDC and WLTC the required emission limits for EU6/VI will be complied with, in some cases significantly underrun. The additional fuel consumption depends on the test cycle used for the examination.

The additional fuel consumption depends on the test cycle used for the examination. The depletion of the particulate filter rises due to increased smoke emissions during stoichiometric operation subject to the examined test cycle, a passive thermal regeneration of the particulate filter in parts of the stoichiometric characteristics can be verified during a test cycle.

Kurzfassung

Anhaltende Verschärfung der Emissionsgesetzgebungen, die Einführung neuer Fahrzyklen und die Erfassung der so genannten Off-Cycle-Emissionen erfordern innovative Maßnahmen zur Reduktion der Schadstoffemissionen des Dieselmotors, insbesondere der Stickoxidemissionen. Speicherkatalysator- oder SCR-, die bisherigen Stickoxidnachbehandlungssysteme, beinhalten einen erhöhten Kosten- und Systemaufwand. In dieser Arbeit wird der Lösungsansatz des stöchiometrischen Dieselbrennverfahrens, welches die Verwendung eines Drei-Wege-Katalysators (konvertiert neben Kohlenmonoxid und Kohlenwasserstoffe auch Stickoxide) ermöglicht, zur Kostenminderung und Vereinfachung der Abgasnachbehandlung weiterentwickelt. Das stöchiometrische Dieselbrennverfahren wird im stationären und anders als bei vorausgegangenen Arbeiten im instationären Betrieb in verschiedenen Prüfzyklen in experimentellen Versuchen an einem seriennahen Vierzylinderdieselmotor am Motorprüfstand und in einem Versuchsfahrzeug auf sein Emissionsminderungspotenzial und den Kraftstoffverbrauch untersucht und bewertet.

Das stationäre stöchiometrische Brennverfahren wird auf den Versuchsmotor übertragen und der Einfluss des Luftverhältnisses auf die Emissionen, die Konvertierungsrate der verwendeten Katalysatoren und den Wirkungsgrad bzw. Kraftstoffverbrauch ermittelt. Zur Verbesserung der Konvertierungsrate findet eine vom Ottomotor bekannte zyklische Zwangsanregung des Luftverhältnisses Anwendung. Infolge des stöchiometrischen Brennverfahrens steigen der Kraftstoffverbrauch und die Rußemissionen an, außerdem wird unter bestimmten Bedingungen Ammoniak gebildet.

Für den instationären Betrieb zeigt sich eine lastabhängige Aufteilung des Motorkennfeldes in einen konventionellen überstöchiometrischen und in einen stöchiometrischen Bereich als zielführend, eine vom Ottomotor adaptierte Sauerstoffausräumfunktion verbessert die Konvertierungsleistung des Drei-Wege-Katalysators beim Übergang in den stöchiometrischen Betrieb. In den Prüfzyklen WHSC/WHTC, NEDC und WLTC werden die geforderten Grenzwerte der Emissionen für EU 6/VI eingehalten, teilweise signifikant unterschritten. Der Kraftstoffmehrverbrauch ist vom untersuchten Prüfzyklus abhängig.

Die Beladung des Partikelfilters steigt aufgrund der erhöhten Rußemissionen im stöchiometrischen Betrieb abhängig vom untersuchten Prüfzyklus an, eine passive thermische Regeneration des Partikelfilters kann in einem Teil des stöchiometrischen Kennfeldes und einem Prüfzyklus nachgewiesen werden.

1 Einleitung

„Die Vergangenheit hat gezeigt, dass niemand die automobile Zukunft bzw. den Antrieb der Zukunft exakt vorherzusagen weiß. Der Verbrennungsmotor stand früher schon im Wettbewerb zu anderen Technologien, hat sich aber immer durchgesetzt. Bezahlbare Motorentechnologie, erschwinglicher Kraftstoff, eine hohe Reichweite und schnelle Wiederbetankung waren dafür sicherlich die Hauptursachen." [30]

Der Dieselmotor als ein Vertreter der verbrennungsmotorischen Antriebstechnologie weist allgemein aufgrund seines prinzipbedingten Effizienzvorteils einen niedrigen Kraftstoffverbrauch auf, jedoch stellt die Erzielung niedriger Schadstoffemissionen eine Herausforderung dar. Mit Blick auf die Schadstoffe steht die Entwicklung neuer Dieselmotoren im Spannungsfeld zweier großer Herausforderungen. Zum einen sind das zukünftige Emissionsstufen mit immer niedriger werdenden Grenzwerten. In **Abbildung 1.1a** ist die Entwicklung der Grenzwerte für die NO_x für den Bereich Pkw- (arabische Zahlen) und den leichten Nutzfahrzeugbereich (römische Zahlen) im New European Driving Cycle (NEDC) darstellt. Es ist davon auszugehen, dass der Grenzwert bei zukünftigen Stufen weiter sinken wird.

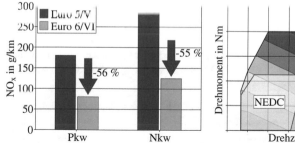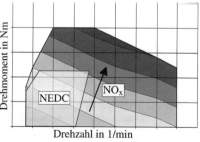

a) *Entwicklung der Grenzwerte für die NO_x-Emissionen für Pkw und leichte Nkw für den NEDC-Prüfzyklus [31, 32]*

b) *NO_x-Rohemissionen, Abdeckung des Kennfeldes durch den NEDC, qualitative Darstellung*

Abbildung 1.1: Herausforderungen bei der Entwicklung neuer Dieselmotoren

Zum anderen wurden neue Fahrzyklen wie z. B. der Worldwide Harmonized Light Vehicles Test Cycle (WLTC) und die Erfassung der „Real Driving Emissions" mittels eines Portable Emission Measurement System (PEMS) und damit die Berücksichtigung der Off-Cycle-Emissionen eingeführt. In **Abbildung 1.1b** wird dieser Aspekt mit Hilfe eines Kennfeldes eines Dieselmotors in qualitativer Darstellung verdeutlicht. Es sind die NO_x-Emissionen in Abhängigkeit der Drehzahl und des Drehmomentes aufgetragen. Der früher gültige NEDC deckte aufgrund der vor allem im Pkw-Bereich geringen Anforderungen an die Leistung des Motors nur den Bereich mit niedrigen Drehzahlen und niedrigen Drehmomenten ab (in Abbildung 1.1b rot umrandet). Dort befinden sich die NO_x-Emissionen noch auf einem moderaten Niveau. Der übrige Bereich des Motorkennfeldes war nicht emissionsrelevant. Infolge der Einführung der neuen Fahrzyklen mit

© Springer Fachmedien Wiesbaden GmbH, ein Teil von Springer Nature 2018
C. Kröger, *Stöchiometrisches heterogenes Dieselbrennverfahren im stationären und instationären Motorbetrieb*, AutoUni – Schriftenreihe 125, https://doi.org/10.1007/978-3-658-22501-8_1

anderen Lastprofilen ist nahezu das gesamte Kennfeld emissionsrelevant. Das stellt vor allem in dem oberen Kennfeldbereich eine Herausforderung dar, da dort die NO_x-Emissionen hoch sind.

Um die aktuellen Abgasnormen zu erfüllen und für zukünftige Abgasgesetzgebungen gerüstet zu sein, wird neben zahlreichen innermotorischen Maßnahmen ein komplexes Abgasnachbehandlungssystem bestehend aus Oxidationskatalysator, Partikelfilter sowie eine gesonderte Stickoxidnachbehandlung benötigt. Bei der Wahl der Stickoxidnachbehandlung haben sich zwei Verfahren durchgesetzt [33]. Zum einen wird ein Stickoxidspeicherkatalysatorsystem verwendet, das die NO_x-Emissionen einspeichert, aber in regelmäßigen Abständen mit Hilfe eines Betriebsartenwechsels regeneriert werden muss. Das andere Verfahren ist ein Selective Catalytic Reduction (SCR)-System, welches mit einem weiteren Betriebsstoff – einer wässrigen Harnstofflösung unter dem Markennamen AdBlue bekannt – in einem Katalysator die Stickoxide selektiv reduziert. Der benötigte Einbauraum für die Systeme und das Mehrgewicht lassen den Aufwand für die Abgasnachbehandlung ansteigen und die hohen Kosten für diese Katalysatoranlagen erhöhen den Gesamtpreis des Fahrzeuges. Speziell das SCR-System, welches häufig Anwendung bei Fahrzeugen mit höheren Schwungmassenklassen[1] findet [33], führt aufgrund des notwendigen zusätzlichen Betriebsstoffes zu einem erhöhten Bauraumbedarf. Der Betriebsstoff muss im Fahrzeug mitgeführt und der Tank und die zusätzlichen Systemkomponenten im Gesamtpackage des Fahrzeuges untergebracht werden. Auch ergeben sich aus den Eigenschaften der Harnstoff-Wasser-Lösung neue Herausforderungen. Um eine Betriebsbereitschaft des SCR-Systems auch bei Umgebungstemperaturen unterhalb des Gefrierpunktes zu ermöglichen, muss das Medium aufgetaut bzw. flüssig gehalten werden [34]. **Tabelle 1.1** fasst vergleichend die Merkmale der beiden Stickoxidnachbehandlungssysteme zusammen.

Tabelle 1.1: Vergleich der Merkmale der aktuellen Stickoxidnachbehandlungssysteme beim Dieselmotor

Merkmal	SCR-System	Speicherkatsystem
Bauraumbedarf	hoch	mittel
Betriebsartenwechsel	nein	beladungsabhängig, $\lambda \sim 0,9$ und $\lambda > 1$
Kraftstoffmehrverbrauch	nein[2]	ja
Systemkosten	hoch	mittel
Zusätzlicher Betriebsstoff	ja	nein

Für Ottomotoren wird dagegen seit ca. 1979 (in Deutschland seit ca. 1985) ein relativ einfacher und kostengünstiger Drei-Wege-Katalysator als alleiniges Abgasnachbehandlungssystem verwendet [35, 36]. Er ist in der Lage neben Kohlenmonoxid und Kohlenwasserstoffen auch Stickoxide mit sehr hohen Konvertierungsraten umzusetzen. Zur Verwendung des Drei-Wege-Katalysators muss das Abgas eine stöchiometrische Luft-Kraftstoff-Zusammensetzung aufweisen, d. h. im Brennraum des Motors ist exakt so viel Luft, wie für die Verbrennung des eingebrachten Kraftstoffes benötigt wird. Man spricht von einem Luftverhältnis von $\lambda = 1$. Bedingt durch den

---

[1] Einteilungsklassen in Abhängigkeit der Fahrzeugmasse
[2] Harnstoffverbrauch nicht berücksichtigt

permanenten Sauerstoffüberschuss im Abgas des konventionellen Dieselbrennverfahrens ist der beim Ottomotor etablierte Drei-Wege-Katalysator nicht anwendbar. Für eine Anwendung muss der Dieselmotor mit einem stöchiometrischen Brennverfahren, $\lambda = 1$ anstatt $\lambda > 1$, betrieben werden. Die Möglichkeit der Umsetzung dieses neuen Dieselbrennverfahrens konnte bereits in bisherigen Forschungsarbeiten nachgewiesen werden (siehe Abschnitt 3.1 ab Seite 31).

Die Vorteile dieses neuartigen Brennverfahrens in Verbindung mit dem Drei-Wege-Katalysator sind in erster Linie eine signifikante Vereinfachung der Abgasnachbehandlung beim Dieselmotor. Auf ein separates Abgasnachbehandlungssystem zur Reduktion der Stickoxide kann verzichtet werden, was Systemaufwand und -kosten entsprechend senkt. Es ist auch ein Verzicht auf den Oxidationskatalysator denkbar. Das neuartige Brennverfahren bedingt aber Herausforderungen in Form von erhöhtem Kraftstoffverbrauch und Rußemissionen. Der Vorteil der Vereinfachung der Abgasnachbehandlung macht das neue Brennverfahren vielversprechend, so dass es im Rahmen dieser Dissertation weiter untersucht wird.

Diese Arbeit gliedert sich in folgende Teile: Im ersten Teil (Abschnitt 2 ab Seite 5) wird auf die Grundlagen des konventionellen Dieselbrennverfahrens, die Schadstoffe eines Dieselmotors und die Maßnahmen zur Schadstoffreduktion eingegangen. Anschließend werden in Abschnitt 3 ab Seite 31 die Ergebnisse von bisherigen Arbeiten zusammengefasst und eine Übersicht der Patente zu dem Thema „stöchiometrisches Dieselbrennverfahren" gegeben. Der erste Teil endet mit der Vorstellung der Zielsetzung dieser Arbeit.

Im zweiten Teil (Abschnitt 5 ab Seite 39) wird der Versuchsaufbau und der verwendete Versuchsträger beschrieben und die Versuchsdurchführung dargelegt. Dabei werden die untersuchten Prüfzyklen World Harmonized Stationary Cycle (WHSC)/World Harmonized Transient Cycle (WHTC) und NEDC sowie WLTC vorgestellt. Außerdem wird auf die Ermittlung des Rußeintrags in den Partikelfilter eingegangen.

Der dritte Teil (Abschnitt 6 ab Seite 51, Abschnitt 7 ab Seite 73 und Abschnitt 8 ab Seite 99) beschäftigt sich mit der Vorstellung und Diskussion der Versuchsergebnisse. Ausgehend von der Umsetzung des stöchiometrischen Brennverfahrens am Versuchsmotor wird der Einfluss des Luftverhältnisses auf die Emissionen und den Kraftstoffverbrauch dargestellt. Die ermittelten Erkenntnisse werden für die Untersuchung des instationären Betriebs verwendet. Angefangen mit dem rein stöchiometrischen instationären Betrieb wird aufgrund der Aufteilung der Motorkennfeldes in einen über- und stöchiometrischen Betriebsbereich das Übergangsverhalten untersucht. Die Untersuchungen werden mit der Darstellung des Emissionsminderungspotenzials und des Kraftstoffverbrauchs in den vorgestellten Prüfzyklen fortgesetzt. Abschließend wird das Beladungs- und Regenerationsverhalten des Partikelfilters analysiert. Am Ende der Arbeit werden die ermittelten Ergebnisse zusammengefasst und eine Schlussfolgerung gezogen.

2 Konventionelles Dieselbrennverfahren

Der Dieselmotor ist ein qualitätsgeregelter Selbstzündungsmotor mit innerer Gemischbildung. Bei einer Qualitätsregelung wird die Motorlast mithilfe der eingespritzten Kraftstoffmasse eingestellt. Die angesaugte Luft wird im Brennraum hoch verdichtet, in diese wird der Dieselkraftstoff eingespritzt und entzündet sich aufgrund der hohen Temperatur des Gemisches von selbst. Das Gemisch liegt dabei inhomogen (heterogen) verteilt im Brennraum vor. Infolge dessen unterscheidet sich das lokale Luftverhältnis größtenteils vom globalen Luftverhältnis. [2, 4, 9, 26]

Das Luftverhältnis λ ist das Verhältnis aus tatsächlich im Zylinder vorhandener Luftmasse m_L zur stöchiometrischen Luftmasse $m_{L,st}$, siehe Gleichung (2.1).

$$\lambda = \frac{m_L}{m_{L,st}} = \frac{m_L}{m_K \cdot l_{st}} \tag{2.1}$$

Die stöchiometrische Luftmasse $m_{L,st}$ ist die Masse, die theoretisch zur vollständigen Verbrennung der zugeführten Kraftstoffmasse m_k benötigt wird. Ist die tatsächliche Luftmasse im Zylinder gleich der stöchiometrischen Luftmasse, spricht man von einem stöchiometrischen Luftverhältnis $\lambda = 1$. Ist die tatsächliche Luftmasse kleiner, ist das Luftverhältnis unterstöchiometrisch ($\lambda < 1$), ist sie größer, ist das Luftverhältnis überstöchiometrisch ($\lambda > 1$). Die stöchiometrische Luftmasse kann auch als Produkt aus Kraftstoffmasse m_k und stöchiometrischem Luftbedarf l_{st} dargestellt werden. Superbenzin hat einen stöchiometrischen Luftbedarf von $l_{st} = 14,7$ kg Luft/kg Kraftstoff, Diesel hat einen stöchiometrischen Luftbedarf von $l_{st} = 14,8$ kg Luft/kg Kraftstoff. Die Berechnung des stöchiometrischen Luftbedarfs ist im Anhang in Abschnitt A.1 ab Seite 135 zu finden. [1, 2, 4]

Die Verbrennung des konventionellen Dieselbrennverfahrens ist zu Beginn durch eine vorgemischte Flamme charakterisiert, der größte Teil der Verbrennung läuft jedoch unter einer diffusionskontrollierten Flamme ab. Mittels der Verbrennung wird die im Kraftstoff chemisch gebundene Energie als Wärme dem Dieselprozess zugeführt, mit Hilfe des Kolbens in eine mechanische Energie umgewandelt und kann an der Kurbelwelle abgegriffen werden. [2, 4, 9, 26]

Tabelle 2.1 auf der nächsten Seite gibt einen Überblick über die Merkmale des konventionellen Dieselbrennverfahrens. Da das in dieser Arbeit verwendete stöchiometrische Brennverfahren in einigen Punkten dem Ottobrennverfahren entspricht, ist zusätzlich zu dem hier verwendeten Brennverfahren zum Vergleich auch das ottomotorische Brennverfahren dargestellt. Somit können die Gemeinsamkeiten und Unterschiede der drei Brennverfahren veranschaulicht werden.

Abbildung 2.1 auf der nächsten Seite gibt einen Überblick über die grundlegend ablaufenden Prozesse des konventionellen Dieselbrennverfahrens. Es wird ersichtlich, dass mehrere Prozesse teilweise parallel stattfinden. In den beiden folgenden Abschnitten werden die einzelnen Teilprozesse näher betrachtet.

© Springer Fachmedien Wiesbaden GmbH, ein Teil von Springer Nature 2018
C. Kröger, *Stöchiometrisches heterogenes Dieselbrennverfahren im stationären und instationären Motorbetrieb*, AutoUni – Schriftenreihe 125, https://doi.org/10.1007/978-3-658-22501-8_2

Tabelle 2.1: Merkmale Brennverfahren [2, 4, 9]

Merkmal	konventionelles Dieselbrennverfahren	stöchiometrisches Dieselbrennverfahren	konventionelles Ottobrennverfahren
Regelung	Qualität	Quantität und Qualität	Quantität
Kraftstoff	zündwillig	zündwillig	zündunwillig
Verdichtungs-verhältnis	16 bis 21 (begrenzt durch Konstruktion)	16 bis 21 (begrenzt durch Konstruktion)	9 bis 11 (begrenzt durch Klopfen[1])
Gemisch-bildung	innere	innere	äußere oder innere
Gemisch	heterogen überstöchiometrisch $(1,1 \leq \lambda \leq 6)$	heterogen stöchiometrisch $(\lambda = 1)$	homogen stöchiometrisch $(\lambda = 1)$
Zündung	Selbstzündung	Selbstzündung	Fremdzündung
Verbrennung	vorgemischte und diffusionskontrollierte Verbrennung	vorgemischte und diffusionskontrollierte Verbrennung	vorgemischte Verbrennung

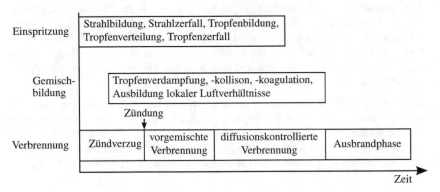

Abbildung 2.1: Schematische Darstellung der Teilprozesse des Dieselbrennverfahrens [1, 2]

2.1 Einspritzung und Gemischbildung

Die Einspritzung als Auftakt hat einen entscheidenden Einfluss auf die Gemischbildung, die Verbrennung, den Kraftstoffverbrauch und die Abgas- und Geräuschemissionen. Als Einspritzsystem hat sich mittlerweile ein Hochdruckspeichereinspritzsystem (engl. Common Rail) durchgesetzt. **Abbildung 2.2 auf der nächsten Seite** zeigt eine vereinfachte Übersicht der Bauteile dieses Hochdruckspeichereinspritzsystems.

---

[1] Unkontrollierte Verbrennung oder Selbstentzündung des Kraftstoffs

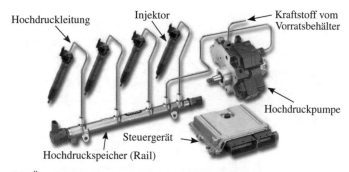

Abbildung 2.2: Übersicht Hochdruckspeichereinspritzsystem [3]

Der von der Hochdruckpumpe verdichtete Kraftstoff wird in einer Leitung – dem Rail – gespeichert und kann über Injektoren, die mit dem Rail über Hochdruckleitungen verbunden sind, den Brennräumen zugeführt werden. Die Anzahl der Einspritzungen, Einspritzzeitpunkte, -dauer und der Einspritzdruck können in gewissen Grenzen von der Motorsteuerung frei gewählt werden. Der Vorteil dieses Systems besteht darin, dass Druckerzeugung und Einbringung des Kraftstoffes in den Brennraum entkoppelt sind und sich somit mehr Freiheiten in der Einspritzverlaufsformung ergeben. Ziel der Einspritzung und Gemischbildung ist eine optimale Durchmischung von Luft und Kraftstoff im Brennraum, um ein zündfähiges und möglichst homogenes Luft-Kraftstoff-Gemisch zu erhalten. Für eine gute Gemischbildung sind kleine Tropfendurchmesser mit einer dadurch resultierenden großen Oberfläche anzustreben. Mittels einer hohen Relativgeschwindigkeit zwischen Kraftstofftropfen und der Luft sowie der Erzeugung möglichst kleiner Kraftstofftropfen bei der Einspritzung kann die Zeit für die Verdampfung verringert werden. Hierfür muss mit einem sehr hohen Kraftstoffdruck gearbeitet werden. Die Gemischbildungsenergie wird demzufolge größtenteils vom Einspritzsystem – der kinetischen Energie des Einspritzstrahls – aufgebracht. Der Brennraum befindet sich als Mulde im Kolben. Ein zentral positionierter Injektor, der mit einer Mehrlochdüse kombiniert ist, spritzt den Kraftstoff sternförmig mit mehreren Einspritzstrahlen (Einspritzkeulen) in den Brennraum ein. **Abbildung 2.3 auf der nächsten Seite** zeigt schematisch die Zerstäubung eines Einspritzstrahls.

Der Kraftstoffstrahl besteht aus einem flüssigen Strahlkern ($\lambda = 0$) und einem Mantel aus Luft mit feineren Kraftstofftröpfchen (bis zu $\lambda = \infty$ im äußeren Mantel). Der Strahlzerfall ist aufgeteilt in den Primärzerfall, welcher die Zerfallsmechanismen des Einspritzstrahls durch Kavitation, Turbulenz, die turbulente Grenzschicht oder die Quergeschwindigkeiten im Spritzloch, und in den Sekundärzerfall, welcher den weiteren Zerfall der im Primärzerfall abgelösten großen Tropfen und Ligamente in noch kleinere Tröpfchen durch aerodynamische Kräfte beschreiben.

2.2 Zündung und Verbrennung

Sobald sich nach der Einbringung des Kraftstoffes im Brennraum lokal ein zündfähiges Gemisch gebildet hat, beginnt die Verbrennung. Wegen der Vielzahl der Tropfen sind eine Vielzahl von

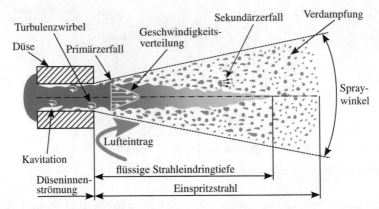

Abbildung 2.3: Zerstäubung eines Einspritzstrahls, Kavitation (lat. cavitare „aushöhlen"): Bildung und Auflösung von dampfgefüllten Hohlräumen (Dampfblasen) in Flüssigkeiten, schematisch nach [2, 4]

Zündnestern vorhanden, deshalb und wegen der schnellen vorgemischten Flamme entsteht in dieser ersten Phase der Verbrennung ein hoher Druckgradient, welcher das dieseltypische Verbrennungsgeräusch zur Folge hat und es entsteht ein wesentlicher Anteil der Stickoxide. Die Zeit zwischen Einbringung des Kraftstoffes in den Brennraum und Zündung wird als Zündverzug bezeichnet. Der während des Zündverzugs aufbereitete Kraftstoff verbrennt schlagartig mit einer schnellen vorgemischten Flamme. Darauf folgt die langsamere diffusionskontrollierte Flamme. Sie ist gekennzeichnet von gleichzeitig stattfindender Einspritzung, Gemischbildung und Verbrennung (siehe auch Abbildung 2.1 auf Seite 6). Aufgrund der inhomogenen Entflammungs- und Verbrennungsbedingungen führt diese Verbrennungsphase im Vergleich zur vorgemischten Flamme zum größten Anteil von Ruß im Abgas. Lokale unterstöchiometrische Zonen fördern die Bildung von Ruß, da flüssiger Kraftstoff vereinzelt nur unzureichend an der Verbrennung teilnehmen kann. Die Verbrennung wird mit der Ausbrandphase abgeschlossen, in der ein Teil des vorher gebildeten Rußes oxidiert wird. [1, 4, 26, 37]

2.3 Schadstoffe des Dieselbrennverfahrens: Entstehung und Reduktion

Den Idealfall der dieselmotorischen Verbrennung würde die vollständige Verbrennung darstellen, bei der der Kraftstoff bestehend aus Kohlenwasserstoffen (C_xH_y) mit Hilfe von Sauerstoff (O_2) zu Kohlendioxid (CO_2) und Wasser (H_2O) oxidiert wird. Die Reaktion wird durch Gleichung (2.2) beschrieben [4]. Die Reaktionsenthalpie ($\Delta_R H$) ist dabei die infolge der Verbrennung freigesetzte Wärme.

$$C_xH_y + \left(x + \frac{y}{4}\right) \cdot O_2 \longleftrightarrow x \cdot CO_2 + \frac{y}{2} \cdot H_2O + \Delta_R H \qquad (2.2)$$

Bei der realen Verbrennung treten zusätzlich auch Produkte aufgrund der unvollständigen und unvollkommenen Verbrennung[2] und andere Nebenprodukte auf. Diese sind u. a. Wasserstoff (unschädlich), Kohlenmonoxid, Kohlenwasserstoffe, Ruß und Stickoxide [2]. Diese Produkte sind gesundheitsschädlich und werden deswegen in ihren Emissionen von den Gesetzgebern limitiert. **Abbildung 2.4** zeigt die Zusammensetzung des Rohabgases eines Dieselmotors. Im Folgenden werden die limitierten Komponenten näher beschrieben.

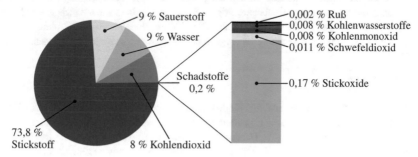

Abbildung 2.4: Zusammensetzung des Rohabgases von Dieselmotoren [1]

2.3.1 Kohlenwasserstoffe

Unter dem Begriff Kohlenwasserstoffe (HC) sind alle geruchlosen und geruchlich wahrnehmbaren chemischen Verbindungen aus Kohlenstoff (C) und Wasserstoff (H_2) zusammengefasst. Von einigen Verbindungen (aromatische Kohlenwasserstoffe) sind krebserregende Eigenschaften bekannt. Sie entstehen aus unverbrannten oder teilverbrannten Kohlenwasserstoffen und Crackprodukten[3]. Wie beim Kohlenmonoxid ist die Entstehung der HC-Emissionen abhängig vom lokalen Sauerstoffgehalt und von der lokalen Temperatur des Gemisches. Im überstöchiometrischen Bereich treten hinter der Flammenfront keine messbaren HC-Emissionen auf. Die messbaren Emissionen stammen aus Zonen, die nicht oder nur unvollständig von der Flamme erfasst werden. Diese treten beispielsweise beim Flammenlöschen (flame quenching) infolge starker Abmagerung oder Anfettung des Gemisches sowie durch zu hohe Turbulenz auf. Ein anderer Grund für das Erlöschen der Flamme können kalte Oberflächen (wall quenching) im Brennraum sein. Konventionelle Dieselmotoren zeichnen sich aufgrund ihres überstöchiometrischen Betriebes durch sehr geringe HC-Emissionen aus, die allerdings noch so hoch sind, dass sie nachbehandelt werden müssen, um die Emissionsgrenzwerte einzuhalten.

---

[2] Eine Verbrennung ist vollständig, wenn die zugeführte chemische Energie vollständig in chemische Energie umgewandelt wird und nur die Produkte CO_2 und H_2O entstehen. Tatsächlich läuft die Verbrennung maximal bis zum chemischen Gleichgewicht, also immer unvollständig ab. Darüber hinaus kann die Verbrennung aufgrund von unzureichender Mischung mit O_2 oder zu langsam ablaufenden Reaktionen, die nicht das chemische Gleichgewicht erreichen, unvollkommen ablaufen. [1]

[3] Cracken ist ein Prozess, bei dem lange Kohlenwasserstoffketten in kurze Ketten umgewandelt werden.

2.3.2 Kohlenmonoxid

Kohlenmonoxid (CO) ist ein farb-, geruch- und geschmackloses und gesundheitsschädliches Gas, das die Sauerstoffaufnahmefähigkeit des Blutes beeinträchtigt. Bei der Verbrennung von Kohlenwasserstoffen entsteht grundsätzlich Kohlenmonoxid als Zwischenprodukt der CO_2-Bildung. Die Weiteroxidation des Kohlenmonoxid hängt vom Sauerstoffgehalt und von der Temperatur im Brennraum ab. Lokale unterstöchiometrische Bereiche oder Bereiche mit nicht ausreichender Temperatur sind Quellen für CO-Emissionen. Die CO-Emissionen heutiger Dieselmotoren sind gering, müssen aber zur Einhaltung der vorgebenden Grenzwerte nachbehandelt werden. [2, 4]

2.3.3 Partikel

Partikel sind alle Abgasbestandteile, die bei einer Temperatur von höchstens 325 K (52 °C) nach Verdünnung der Abgase mit gefilterter reiner Luft an einem besonderen Filtermedium abgeschieden werden können [38]. Da die ausgestoßenen Partikel überwiegend aus Ruß bestehen an die Kohlenwasserstoffe, Kraftstoff- und Schmierölaerosole[4] sowie Sulfate angelagert sind, wird häufig nur von Rußemissionen gesprochen [39]. Die detaillierte Zusammensetzung ist betriebspunktabhängig [1, 4, 6]. Aufgrund ihres kleinen Durchmessers sind die Rußpartikel lungengängig und werden als karzinogen eingestuft [6, 40]. Die Partikelentstehung hat nach heutigem Verständnis den folgenden in **Abbildung 2.5 auf der nächsten Seite** schematisch dargestellten Ablauf [1, 5]:

- Chemische Reduktion der Kraftstoffmoleküle unter sauerstoffarmen Bedingungen zu kurzkettigen Kohlenwasserstoffen, Bildung des ersten Benzolrings
- Bildung von polyzyklischen aromatischen Kohlenwasserstoffen (PAK) aufgrund Polymerisation von Ringen und fortschreitender Dehydrierung, dabei prozentualer Anstieg der C-Atome
- Kondensation und Bildung von Rußkernen (Nukleation) mit Abmessungen von etwa 1 bis 3 nm
- Oberflächenwachstum und Koagulation[5] von Rußkernen zu Rußprimärteilchen mit Durchmessern von etwa 10 bis 50 nm und anschließende Anlagerung verschiedener Substanzen
- Zusammenschluss von Rußprimärteilchen zu langen kettenförmigen Strukturen durch Agglomeration[6]
- Verkleinerung der Rußteilchen und Zwischenspezies durch Oxidation mit Sauerstoff-Molekülen und OH-Radikalen

Die zwei Hauptursachen für die Rußbildung in Dieselmotoren sind die unterschiedliche Gemischzusammensetzung mit signifikant unterstöchiometrischen Gebieten des Luft-Kraftstoff-Gemisches und die Anwesenheit von unverdampftem Kraftstoff, der mit der Flamme wechselwirken kann [6]. **Abbildung 2.6 auf Seite 12** zeigt die Rußbildungsgrenzen als Funktion der Gastemperatur und des Luftverhältnisses. Im unterstöchiometrischen Bereich bei Temperaturen zwischen 1600 und 1700 K wird eine starke Rußbildung hervorgerufen. Da gleichzeitig mit der Bildung von

---

[4] Aerosole: ein heterogenes Gemisch aus festen oder flüssigen Schwebeteilchen und einem Gas
[5] lat. coagulatio „Zusammenballung"
[6] lat. agglomerare „fest anschließen"

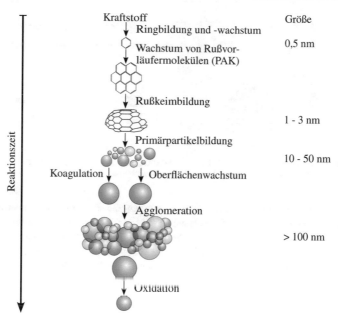

Abbildung 2.5: Prinzipskizze der Rußbildungsphasen, eigene Darstellung nach [5]

Rußpartikeln deren Oxidation – primär in der Ausbrandphase – abläuft [41], entspricht die während eines Arbeitsspiels gebildete Rußmasse nicht der im Abgas befindlichen Rußmasse (siehe auch Abbildung 2.5). Das Verhältnis zwischen gebildeter Rußmasse und der Rußmasse im Abgas liegt bei ca. 100 zu eins bis 1000 zu eins für heterogene Dieselbrennverfahren [1].

2.3.4 Stickoxide

Unter dem Begriff Stickoxide (NO_x) sind alle chemischen Verbindungen aus Stickstoff und Sauerstoff zusammengefasst. Die wichtigsten sind Stickstoffmonoxid (NO) und Stickstoffdioxid (NO_2), wobei NO den größten Teil im Abgas stellt und der Anteil von NO_2 nur zwischen 5 % und 15 % liegt. Stickstoffmonoxid ist ein farb-, geruch- und geschmackloses Gas, welches negative Auswirkungen auf die Lungenfunktion hat und sich in Luft langsam zu Stickstoffdioxid umwandelt. Stickstoffdioxid ist ein rotbraunes, stechend chlorartig riechendes, giftiges Gas, welches die Schleimhäute und die Lunge reizt. Stickoxide verursachen sauren Regen und sind mitverantwortlich für die Smog-Bildung. [2, 4, 9, 26]

Grundsätzlich entstehen Stickoxide aus dem Stickstoff und dem Sauerstoff der angesaugten Luft als unerwünschte Nebenreaktion während der Verbrennung. Die Stickoxidbildung ist dabei vom lokalen Luftverhältnis und von der lokalen Flammentemperatur abhängig, siehe Abbildung 2.6 auf der nächsten Seite. Die NO_x-Bildung findet überwiegend im überstöchiometrischen Bereich bei Temperaturen zwischen 2250 und 3000 K statt. Beim Vergleich der Bildungsgrenzen von

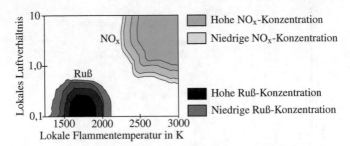

Abbildung 2.6: Ruß- und NO_x-Bildung als Funktionen der Gastemperatur und des Luftverhältnisses, eigene Darstellung nach [6]

Ruß und Stickoxide wird deutlich, dass die jeweiligen Entstehungszonen in unterschiedlichen Temperatur- und Luftverhältnis-Bereichen liegen. In der Praxis ist es mit dem konventionellen überstöchiometrischen Brennverfahren nahezu unmöglich, den Motor in einem Bereich zu betreiben, in dem wenig Ruß und gleichzeitig wenig Stickoxide gebildet wird [6], daher ergibt sich der so genannte Ruß-NO_x-Trade-Off[7]. Einen Ansatz, den Ruß-NO_x-Trade-Off zu durchbrechen, stellt eine Homogenisierung des Luftverhältnisses dar (siehe z. B. [42]). Der Ansatz wird in dieser Arbeit aber nicht weiter verfolgt.

Mehrere NO_x-Bildungsprozesse lassen sich unterscheiden, wobei hier nur auf die beiden wesentlichen Bildungsprozesse, der thermischen und der prompten NO-Bildung eingegangen wird. Für die übrigen Bildungsmechanismen – über N_2O-Mechanismus gebildetes NO, Brennstoff-NO und Reaktion zu NO_2 – sei auf die Literatur verwiesen (siehe z. B. [2, 4, 26]).

Thermisches NO

Der größte Teil des bei der motorischen Verbrennung entstehenden Stickoxids wird über den thermischen NO-Mechanismus gebildet [4]. Die thermische NO-Bildung läuft „hinter" der Flammenfront im so genannten „Verbrannten" ab und wird durch den erweiterten Zeldovich-Mechanismus bestehend aus den drei folgenden Elementarreaktionen (2.3), (2.4) und (2.5) beschrieben [2]:

$$O + N_2 \longleftrightarrow NO + N \qquad (2.3)$$

$$N + O_2 \longleftrightarrow NO + O \qquad (2.4)$$

$$N + OH \longleftrightarrow NO + H \qquad (2.5)$$

Die Geschwindigkeit der Reaktionen ist temperaturabhängig, z. B. lässt eine Anhebung der Temperatur um 500 K das thermisch gebildete NO auf das etwa 50-fache ansteigen. [1]

---

[7] Ein Zielkonflikt (engl. Trade-off) beschreibt eine gegenläufige Abhängigkeit. Eine Verbesserung eines Aspektes kann nur unter Inkaufnahme der Verschlechterung des anderen Aspektes erreichen werden.

Promptes NO

Nur ein kleiner Teil der entstehenden Stickoxide wird über den Prompt-NO-Mechanismus gebildet, die Bildung läuft dabei in der Flammenfront ab. Ein wesentlicher Schritt ist die Reaktion von CH-Radikalen mit dem Luftstickstoff zu Cyanwasserstoff (Blausäure HCN) und deren Folgereaktion zu NO. Die Prompt-NO-Bildung tritt schon bei Temperaturen ab ca. 1000 K aber nur bei unterstöchiometrischen Verbrennungsbedingungen auf. Da die Bildung vom Prompt-NO im Vergleich zum thermischen NO wesentlich komplexer ist, wird hier auf eine weitere Darstellung verzichtet und auf die Literatur verwiesen (siehe z. B. [1, 2, 4, 26]).

2.3.5 Ammoniak

Ein Dieselmotor stößt im Allgemeinen keine NH_3-Emissionen aus (siehe auch Abbildung 2.4 auf Seite 9). Im Speziellen kann das SCR-System eine Quelle für NH_3-Emissionen sein (siehe Abschnitt 2.3.7 ab Seite 25), die Emissionen entstehen in diesem Fall jedoch erst nach dem Auslassventil in der Abgasanlage. In ähnlicher Weise ist eine NH_3-Bildung beim Ottomotor bekannt. Dort werden die NH_3-Emissionen im Drei-Wege-Katalysator gebildet [43–48]. Da in dieser Arbeit die selbe Katalysatortechnik wie für den Ottomotor verwendet wird, ist ebenfalls mit einer Ammoniakbildung zu rechnen und daher wird der Schadstoff Ammoniak und seine Entstehung näher behandelt.

Ammoniak ist eine chemische Verbindung von Stickstoff und Wasserstoff. Es ist ein stark stechend riechendes, farbloses, wasserlösliches und giftiges Gas, das die Augen und Schleimhäute reizt. Für Nkw und Busse werden die NH_3 Emissionen für die Stufe EURO VI in den Prüfzyklen WHSC und WHTC auf 10 ppm begrenzt, für Pkw gibt es keinen Grenzwert. [26, 49–51]

Die ungewollte Bildung des Ammoniaks im Drei-Wege-Katalysator erfolgt im unterstöchiometrischen Betrieb infolge der Reduktion der Stickoxide mit Wasserstoff an den im Katalysator vorhandenen Edelmetallen Platin oder Rhodium (Reaktionsgleichung (2.6) und (2.7)) [48, 52–56] oder mit Kohlenmonoxid an den Edelmetallen Palladium oder Platin (Reaktionsgleichung (2.8) und (2.9)) [57–63]:

$$2\,NO + 5\,H_2 \longleftrightarrow 2\,NH_3 + 2\,H_2O \tag{2.6}$$

$$2\,NO_2 + 7\,H_2 \longleftrightarrow 2\,NH_3 + 4\,H_2O \tag{2.7}$$

$$2\,NO + 2\,CO + 3\,H_2 \longleftrightarrow 2\,NH_3 + 2\,CO_2 \tag{2.8}$$

$$2\,NO + 5\,CO + 3\,H_2O \longleftrightarrow 2\,NH_3 + 5\,CO_2 \tag{2.9}$$

Abdulhamid u. a. [56] untersuchten die Abhängigkeit der NH_3-Bildung von der Katalysatortemperatur und dem Luftverhältnis. Im unterstöchiometrischen Betrieb wird ab einer Mindesttemperatur im Drei-Wege-Katalysator NH_3 und kein NO gebildet. Im überstöchiometrischen Betrieb verhält es sich umgekehrt, es entsteht kein NH_3 und vermehrt NO.

Weirich [64] untersuchte verschiedene serienmäßige Katalysatoren, die alle eine NH_3-Bildung aufwiesen, am ausgeprägtesten an reinen Platin-Katalysatoren, gefolgt von Rhodium- bzw. Palladium-Katalysatoren. Dabei war eine signifikante NH_3-Bildung nur in einem gewissen

Temperaturfenster von etwa 200 - 500 °C zu beobachten. Neben der Edelmetallbeladung wurde auch ein Einfluss des Washcoat- und Trägermaterials ermittelt. Die Synthesegasuntersuchungen zeigten ein Ansteigen der NH_3-Emissionen ab einem Luftverhältnis von $\lambda = 0,997$.

Gandhi u. a. [55] ermittelten, dass die NH_3-Emissionen nach einem Maximum bei etwa 400 °C mit weiter ansteigender Temperatur wieder sinken. Ein Platin-/ Rhodium-Katalysator zeigte im Vergleich zu einem Palladium-/ Rhodium-Katalysator erhöhte NH_3-Emissionen bei minimal unterstöchiometrischen Bedingungen.

Breen u. a. [65] untersuchten an einem Synthesegasprüfstand die NH_3-Bildung in Abhängigkeit vom verwendeten Edelmetall. Bei Beaufschlagung der Edelmetalle mit NO und H_2 fanden sie heraus, dass bei Platin schon bei Temperaturen unter 100 °C nennenswerte NH_3-Konzentrationen beobachtet werden. Bei etwa 200 °C befindet sich das Maximum und darüber nimmt die Konzentration wieder ab. Bei Palladium steigen die Emissionen ab etwa 150 °C an und erreichen ab etwa 320 °C ein Plateau. Rhodium zeigt ein ähnliches Verhalten wie Platin, der Anstieg findet aber erst bei Temperaturen von etwa 150 °C statt. Das Maximum liegt bei etwa 270 °C, ist aber signifikant geringer. Bei weiter steigenden Temperaturen fallen die Emissionen wieder ab. Die Zugabe von Kohlenmonoxid zusätzlich zu NO und H_2 erhöht die NH_3-Bildung beim Platinkatalysator. Zudem bildet sich ein Plateau aus und mit steigenden Temperaturen ist ein Absinken der Emissionen nicht mehr zu beobachten.

Die NH_3-Bildung in den Katalysatoren bietet aber auch einen Vorteil, da sie für die NO_x-Nachbehandlung genutzt werden kann. Beim so genannten „On-Board Reforming" wird das benötigte NH_3 für das SCR-System (siehe Abschnitt 2.3.7 ab Seite 25) aus dem Kraftstoff hergestellt. Somit kann auf die Mitführung eines zusätzlichen Betriebsstoffes verzichtet werden. In der Literatur sind verschiedene Arbeiten zu dem Thema „On-Board Reforming von Ammoniak" zu finden [56, 64–69]. Kinugasa u.a. [70–73] haben verschiedene Verfahren zur Reduktion der Stickoxide mittels SCR-Katalysatoren bei überstöchiometrisch betriebenen Verbrennungsmotoren mit einer On-Board-Erzeugung von NH_3 patentiert. Die Anordnung sieht grundsätzlich einen vor dem SCR-Katalysator platzierten NH_3 erzeugenden Katalysator vor.

Nachdem die einzelnen Schadstoffe und ihre Entstehung vorgestellt wurden, wird im nächsten Abschnitt auf die Schadstoffreduktion eingegangen.

2.3.6 Innermotorische Maßnahmen zur Schadstoffreduktion

Bei der Schadstoffreduzierung wird allgemein zwischen primären und sekundären Maßnahmen unterschieden. Primäre Maßnahmen bezeichnen die innermotorische Schadstoffreduktion, sekundäre die Abgasnachbehandlung. Dabei entsteht grundsätzlich der Konflikt zwischen Kraftstoffverbrauch und Schadstoffreduktion. Nur wenige Maßnahmen können beide Ziele – niedrige Emissionen und niedrigen Kraftstoffverbrauch – gleichzeitig erfüllen [37].

Bei den innermotorischen Maßnahmen führt aufgrund von Zielkonflikten die Minderung eines Schadstoffes meist zu einer Erhöhung eines anderen Schadstoffes (siehe z. B. Abbildung 2.6 auf Seite 12) und/oder einer anderen Zielgröße wie z. B. dem Verbrennungsgeräusch [37]. Die Abgasnachbehandlung ist im Hinblick auf Zielkonflikte weniger kritisch zu sehen, verursacht allerdings in aller Regel einen höheren Konstruktions- und Bauteileaufwand und erhöht die Masse des Fahrzeugs. Zudem führt die Verwendung der Abgasnachbehandlungssysteme in den meisten Fällen zu einem Kraftstoffmehrverbrauch aufgrund notwendiger Betriebsarten des Motors mit schlechteren Wirkungsgraden (z. B. zur Regeneration des Partikelfilters) oder aufgrund des Anstiegs des Abgasgegendrucks infolge der angeschlossenen Abgasnachbehandlung. Nach heutigem Kenntnisstand führt nur eine Kombination aus beiden schadstoffreduzierenden Maßnahmen – primäre und sekundäre – zur Einhaltung der Abgasgrenzwerte [37, 74].

Ein zusätzlicher und wichtiger Gesichtspunkt sind die Mehrkosten aufgrund der Schadstoffreduktion. Dabei ist zwischen einmaligen Systemkosten und laufenden Mehrkosten zu unterscheiden und diese sind gegenüberzustellen. Dies hat teilweise dazu geführt, dass im Pkw- und Nfz-Bereich unterschiedliche Systeme verwendet werden [42].

Bei der nun folgenden Vorstellung der innermotorischen Maßnahmen wird nur auf die für diese Arbeit relevanten Punkte – die Einspritzung und die Zylinderladung – eingegangen. Für die weiteren innermotorischen Maßnahmen zur Schadstoffreduktion sei auf die Literatur verwiesen (siehe z. B. [1, 4, 75]).

Einfluss der Einspritzung auf die Abgaszusammensetzung

Die wesentlichen Einflussparameter der Einspritzung auf die Abgaszusammensetzung sind [1, 2, 4]:

- der Einspritzdruck
- der Einspritzzeitpunkt
- die Anzahl der Einspritzungen

Die Aufzählung hat nicht den Anspruch der Vollständigkeit, sondern zählt nur die für diese Arbeit relevanten Punkte auf. Da die Düsengeometrie im Rahmen dieser Arbeit nicht verändert wird, wird auf diesen Punkt nicht näher eingegangen.

Der Einspritzdruck hat, wie bereits in Abschnitt 2.1 ab Seite 6 erläutert, einen entscheidenden Einfluss auf die Gemischbildung und somit auch auf die Schadstoffemissionen. Mit Hilfe des Einspritzdruckes wird ein großer Teil der Gemischbildungsenergie – in Form von kinetischer Energie des Kraftstoffstrahls – bereitgestellt [1]. Da der Sauterdurchmesser[8] sich antiproportional zum Einspritzdruck verhält [76–78], entstehen bei Erhöhung des Einspritzdruckes kleinere Kraftstofftröpfchen mit einer zum Volumen relativ gesehen größeren Oberfläche, was die Verdampfung dieser Tröpfchen und somit die Gemischbildung verbessert. Eine Erhöhung des Einspritzdruckes führt infolgedessen zu einer höheren Homogenität des Gemisches im Brennraum und vermeidet somit unterstöchiometrische Zonen, die eine CO-, HC- und Rußbildung hervorrufen [2]. Die Erhöhung des Einspritzdruckes ist demnach ein probates Mittel den Schadstoffausstoß zu senken. Darüber hinaus wird infolge der Erhöhung des Kraftstoffdruckes bei vorgegebener Kraftstoffmasse die Einspritzzeit verringert. Damit verlängert sich die Zeit der vorgemischten Verbrennung und gleichzeitig wird die Zeit der diffusionskontrollierten Verbrennung verringert,

---

[8] Mittlerer Durchmesser der Tröpfchen

was in eine weitere Reduzierung der Rußbildung mündet. Der negative Effekt bei Erhöhung des Kraftstoffdruckes ist der Anstieg des Druckgradienten des Zylinderdruckverlaufs und somit der NO_x- und Geräuschemissionen [1].

Neben dem Einspritzdruck kann mit Hilfe des Einspritzbeginns die Abgaszusammensetzung beeinflusst werden. Eine Spätverstellung des Einspritzbeginns führt zu einer Absenkung der Spitzentemperatur [2]. Somit wird die thermische NO_x-Bildung verringert (siehe auch Abschnitt 2.3.4 ab Seite 11). Aber eine Spätverstellung führt auch zu einer nicht optimalen Schwerpunktlage der Verbrennung, was einen schlechten thermodynamischen Wirkungsgrad zur Folge hat und somit zu einem Anstieg des Kraftstoffverbrauches führt.

Heutige Dieselmotoren arbeiten weitgehend mit mehreren Einspritzungen. Ein gängiges Verfahren ist es, den Einspritzverlauf in mehrere kleine Vor-, in eine Haupt- und mehrere kleine Nacheinspritzungen aufzuteilen [2, 4]. Die Voreinspritzungen konditionieren den Brennraum für die folgende Haupteinspritzung. Durch die Konditionierung wird die Zündverzugszeit der Haupteinspritzung verkürzt und somit der Druckgradient und dadurch die Stickoxid- und Geräuschemissionen verringert. Die kürzere Zeit zur Homogenisierung des Gemisches und das Einspritzen in die Flamme der Voreinspritzung führen aber zu erhöhten Rußemissionen.

Die Nacheinspritzungen dienen zur Bereitstellung von Wärme zur Nachoxidation des gebildeten Rußes und zur Unterstützung der Abgasnachbehandlungssysteme. Der in der Nacheinspritzung enthaltene Energieanteil trägt nur zu einem kleinen Teil an der Arbeit am Kolben bei und erzeugt in erster Linie einen Anstieg der Abgastemperatur. Der Energieanteil wird der Ausbrandphase bzw. dem Abgasnachbehandlungssystem zur Verfügung gestellt und verschlechtert damit den Wirkungsgrad, was sich in einem höheren Kraftstoffverbrauch niederschlägt.

Einfluss der Zylinderladung auf die Abgaszusammensetzung

Die beiden wesentlichen Parameter der Zylinderladung mit Einfluss auf die Abgaszusammensetzung sind die thermodynamischen Zustandsgrößen und die Ladungszusammensetzung. Da die Ladungsbewegung in dieser Arbeit nicht näher untersucht wird, wird auf diesen Punkt nicht eingegangen.

Als thermodynamische Zustandsgröße ist neben dem Druck vor allem die Temperatur der Zylinderladung zu nennen. Eine zu niedrige Temperatur fördert die Bildung von CO- und HC-Emissionen (siehe Abschnitt 2.3.2 ab Seite 10 und Abschnitt 2.3.1 ab Seite 9), eine zu hohe Temperatur fördert die Bildung von NO_x-Emissionen (siehe Abschnitt 2.3.4 ab Seite 11), unterstützt jedoch gleichzeitig die Oxidation des entstandenen Rußes (siehe Abschnitt 2.3.3 ab Seite 10).

Bei der Ladungszusammensetzung spielt der Sauerstoffgehalt bzw. das Luftverhältnis eine wichtige Rolle. Geringe Sauerstoffgehalte erhöhen die lokalen unterstöchiometrischen Bereiche, die zu erhöhten CO-, HC- und Rußemissionen führen. Das Maximum der NO_x-Bildung liegt bei einem Luftverhältnis von etwa $\lambda = 1,1$, darüber und darunter sinken die NO_x-Emissionen wieder [2].

Im Hinblick auf geringe NO_x-Emissionen sind geringe Brennraumtemperaturen anzustreben (siehe auch Abschnitt 2.3.4 ab Seite 11). Eine erprobte Methode zur Verringerung der NO_x-Emissionen ist die Rückführung von Abgas in den Brennraum. Dabei wird die Masse der Verbrennungszone um einen zusätzlichen Inertgasanteil vergrößert. Dieser nimmt nicht an der Verbrennung teil, entzieht aber dem Prozess durch seine größere Wärmekapazität Wärme [1]. Bei gleicher Menge zugeführter Energie sinkt somit das Temperaturniveau in der Verbrennungszone und das Ersetzen von Frischluft mit Inertgas verringert gleichzeitig das lokale Luftverhältnis. Beide Aspekte führen zu geringeren NO_x-Emissionen (siehe Abbildung 2.6 auf Seite 12). Weiterhin verringert AGR die Flammengeschwindigkeit bei der vorgemischten Verbrennung. Der daraus folgende langsamere Brennverlauf bewirkt ebenfalls ein Absinken der Spitzentemperatur, was sich auch positiv auf die NO_x-Emissionen auswirkt. Als negativer Effekt der Abgasrückführung (AGR) ist das Ansteigen der Ruß-, sowie der CO-Emissionen und des Kraftstoffverbrauches zu nennen [2].

Bei der AGR wird allgemein zwischen der internen und externen AGR unterschieden. Bei der internen AGR wird das Abgas mittels entsprechender Steuerzeiten der Einlass- und/oder Auslassventile im Brennraum gehalten bzw. im Ansaugvorgang dem Brennraum wieder zugeführt. Die Beeinflussung wird meist mit Hilfe eines Phasenstellers der Nockenwelle realisiert und die Steuerzeiten sind betriebspunktabhängig. Bei der externen AGR – die vorwiegend bei Dieselmotoren angewendet wird – wird das Abgas von außen dem Brennraum wieder zugeführt. Sie wird in Hochdruck- und Niederdruck-AGR unterschieden. **Abbildung 2.7** zeigt schematisch die beiden Möglichkeiten für eine externe Abgasrückführung.

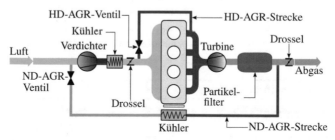

Abbildung 2.7: Schematische Darstellung der Hochdruck (HD)- und Niederdruck (ND)-Abgasrückführung

Bei der Hochdruck-AGR wird das Abgas vor der Turbine entnommen und nach dem Verdichter dem Ansaugtrakt zugeführt. Bei der Niederdruck-AGR wird das Abgas nach dem Partikelfilter entnommen und vor dem Verdichter dem Ansaugtrakt zugeführt. Durch eine zusätzliche Kühlung des zurückgeführten Abgases (HD- und ND-AGR) können die NO_x-Emissionen noch weiter gesenkt werden. Die Kühlung verringert die unerwünschte Massenstromverringerung aufgrund der Aufheizung der Frischluft durch das heiße Abgas, senkt zusätzlich die Verbrennungsspitzentemperatur und stellt zudem einen Bauteilschutz der frischluftführenden Systeme dar.

2.3.7 Abgasnachbehandlung

In diesem Abschnitt wird die außermotorische Nachbehandlung der Schadstoffe, die als mechanische oder chemische Reinigung erfolgen kann, vorgestellt. Unter der mechanischen Reinigung ist eine Filtration zu verstehen, bei der die Schadstoffe aus dem Abgas entfernt werden. Die chemische Reinigung wird mit Hilfe von katalytisch wirkenden Edelmetallen unterstützt, die die Eigenschaft besitzen, die Geschwindigkeit bestimmter Reaktionen durch Herabsetzung der Aktivierungsenergie zu erhöhen, ohne dabei selbst verbraucht zu werden [49]. Die Edelmetalle erhöhen dabei die Reaktionsgeschwindigkeit der Konvertierung der Schadstoffe in unschädliche Stoffe. Der negative Effekt der Abgasnachbehandlung ist die Erhöhung der Ladungswechselarbeit des Motors infolge des erhöhten Abgasgegendrucks. Außerdem sind in aller Regel zusätzliche Bauteile und Maßnahmen zum Betrieb und Schutz der Systeme notwendig. **Tabelle 2.2** gibt einen Überblick über die in der Serienanwendung im Otto- und Dieselmotorenbereich gebräuchlichen Abgasnachbehandlungssysteme mit ihren Konvertierungs- bzw. Abscheideraten. Die einzelnen Systeme werden im Folgenden näher vorgestellt.

Tabelle 2.2: Übersicht der otto- und dieselmotorischen Abgasnachbehandlungssysteme mit ihren Konvertierungs- und Abscheideraten [1, 4, 9, 27, 28]

System	Schadstoff	maximale Konvertierungs-/ Abscheiderate
Oxidationskatalysator	Kohlenwasserstoffe	99,9 %
	Kohlenmonoxid	99,9 %
Drei-Wege-Katalysator	Kohlenwasserstoffe	99,9 %
	Kohlenmonoxid	99,9 %
	Stickoxide	99,9 %
	Partikel	40 %
Selektive Katalytische Reduktion	Stickoxide	90 %
Stickoxid-Speicherkatalysator	Stickoxide	90 %
Partikelfilter	Partikel	99,9 %

Oxidationskatalysator

Bei Einführung der dieselmotorischen Abgasnachbehandlung war nur eine Verminderung von Kohlenmonoxid und Kohlenwasserstoffe notwendig [13]. Die Stickoxide konnten – zur Einhaltung der damaligen Grenzwerte – in ausreichendem Maße innermotorisch vermindert werden. Beim überstöchiometrisch betriebenen Dieselmotor kam deshalb ein Oxidationskatalysator zur Anwendung, der auch heutzutage noch Stand der Technik der dieselmotorischen Abgasnachbehandlung ist. Da der Oxidationskatalysator einen vereinfachten Drei-Wege-Katalysator darstellt und sein Aufbau mit diesem in den meisten Punkten übereinstimmt, wird in diesem Abschnitt der Oxidationskatalysator nur allgemein beschrieben, eine ausführliche Beschreibung des Aufbaus ist im nächsten Abschnitt zu finden.

Die Nachbehandlung des Abgases erfolgt durch Oxidation des Kohlenmonoxids und Kohlenwasserstoffe zu Kohlendioxid und Wasser mit Hilfe der beiden katalytisch wirkenden Edelmetalle Palladium und/oder Platin (siehe auch Gleichung (2.10) bis Gleichung (2.12) auf der nächsten Seite). Zusätzlich kann der Oxidationskatalysator unter bestimmten Bedingungen auch Stickoxide konvertieren [79], erreicht aufgrund des Fehlens von Rhodium aber nicht die Konvertierungsraten eines Drei-Wege-Katalysators.

Der Oxidationskatalysator besitzt den Vorteil, dass er ohne eine Regelung und weitgehend ohne applikative Maßnahmen betrieben werden kann. In Verbindung mit einer Nacheinspritzung wird er als katalytischer Brenner zur Anhebung der Abgastemperatur benutzt (z.B. bei der Regeneration des Partikelfilters) [9, 80].

Drei-Wege-Katalysator

Ein Drei-Wege-Katalysator stellt die Weiterentwicklung des Oxidationskatalysators dar und wird im Allgemeinen beim stöchiometrisch betriebenen Ottomotor angewendet. Der Aufbau, als keramischer Trägerkörper ausgeführt, ist in **Abbildung 2.8** dargestellt.

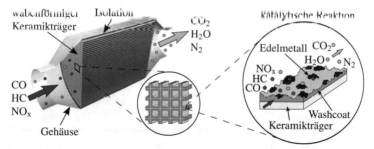

Abbildung 2.8: Aufbau eines Drei-Wege-Katalysators, eigene Darstellung nach [7]

Der wabenartige mit feinen Kanälen versehene keramische Trägerkörper (Monolith) ist mit einer Isolation im Gehäuse des Katalysators untergebracht. Für bestimmte Anwendungen werden anstelle von keramischen metallische Werkstoffe für den Monolithen eingesetzt. Zur Vergrößerung der Oberfläche ist der Monolith mit einer porösen Zwischenschicht – dem Washcoat – aus Aluminiumoxid (Al_2O_3) überzogen. Der Washcoat ist je nach Anwendungsfall mit bestimmten Edelmetallen (Palladium (Pd), Platin (Pt) und Rhodium (Rh)) als katalytischen Materialien beschichtet. Zur Verbesserung der Konvertierungsleistung ist der Washcoat zusätzlich mit einer sauerstoffspeichernden Komponente – dem Cer(IV)-oxid (CeO_2) – versehen [2, 4, 9, 13, 27, 81–83].

Die Nachbehandlung des Abgases erfolgt durch Oxidation und Reduktion an den katalytisch wirkenden Edelmetallen. Kohlenmonoxid und Kohlenwasserstoffe werden zu Kohlendioxid und Wasser oxidiert und gleichzeitig werden die Stickoxide zu Stickstoff reduziert. In den Gleichungen 2.10 bis 2.15 sind die Reaktionen dargestellt:

- CO- und HC-Oxidation [2, 13, 84]:

$$2\,C_xH_y + \left(2\,x + \frac{1}{2}\,y\right) \cdot O_2 \xrightarrow{\text{Oxidation}} 2\,x \cdot CO_2 + y\,H_2O \qquad (2.10)$$

$$2\,CO + O_2 \xrightarrow{\text{Oxidation}} 2\,CO_2 \qquad (2.11)$$

$$CO + H_2O \xrightarrow{\text{Oxidation}} CO_2 + H_2 \qquad (2.12)$$

- NO_x-Reduktion [2, 84]:

$$2\,NO + 2\,CO \xrightarrow{\text{Reduktion}} N_2 + 2\,CO_2 \qquad (2.13)$$

$$2\,NO + 2\,H_2 \xrightarrow{\text{Reduktion}} N_2 + H_2O \qquad (2.14)$$

$$C_xH_y + \left(2\,x + \frac{1}{2}\,y\right) \cdot NO \xrightarrow{\text{Reduktion}} \left(x + \frac{1}{4}\,y\right) \cdot N_2 + \frac{1}{2}\,y\,H_2O + x\,CO_2 \qquad (2.15)$$

Grundsätzlich können alle drei Edelmetalle die Reaktionen unterstützen [85, 86]. Untersuchungen haben jedoch gezeigt, dass mit Hilfe von Platin und Palladium die höchsten Konvertierungsraten für Kohlenmonoxid und Kohlenwasserstoffe und mit Hilfe von Rhodium die höchsten Konvertierungsraten für die Stickoxide erreicht werden [84, 87–89]. Beim Betrachten der Gleichungen wird ersichtlich, dass einerseits Sauerstoff zur Oxidation und gleichzeitig reduzierende Komponenten im richtigen Verhältnis zur Verfügung stehen müssen, damit alle Reaktionen gemeinsam ablaufen können. Das Luftverhältnis stellt dabei den entscheidenden Parameter dar, um den optimalen Betrieb des Drei-Wege-Katalysators zu gewährleisten und somit hohe Konvertierungsraten zu erreichen.

Neben dem Luftverhältnis ist die Betriebstemperatur des Drei-Wege-Katalysators der andere wesentliche Parameter für die Konvertierungsrate. Erst ab ca. 250 °C setzt eine nennenswerte Konvertierung der drei Schadstoffe ein. Der ideale Betriebsbereich liegt zwischen 400 und 800 °C. Oberhalb der maximal zulässigen Temperatur von ca. 1000 °C beginnt die thermische Schädigung des Katalysators. [4, 9, 27, 90]

Die Konvertierungsrate eines Katalysators ist das Verhältnis aus der Differenz der Massenströme in und aus dem Katalysator zu dem Massenstrom in den Katalysator jeweils für einen betrachteten Schadstoff [8]. Gleichung (2.16) zeigt die Berechnung der Konvertierungsrate.

$$\eta_{\text{Konvertierung}} = \frac{\dot{m}_{\text{Schadstoff, in}} - \dot{m}_{\text{Schadstoff, out}}}{\dot{m}_{\text{Schadstoff, in}}} = 1 - \frac{\dot{m}_{\text{Schadstoff, out}}}{\dot{m}_{\text{Schadstoff, in}}} \qquad (2.16)$$

Abbildung 2.9 auf der nächsten Seite zeigt schematisch die Konvertierungsraten des Drei-Wege-Katalysators (**2.9a**) und den Schadstoffausstoß nach Drei-Wege-Katalysator (**2.9b**) jeweils als Funktion des Luftverhältnisses für die Schadstoffe Kohlenmonoxid, Kohlenwasserstoffe und Stickoxide.

Im unterstöchiometrischen Bereich ($\lambda < 1$) ist der O_2-Gehalt im Abgas für eine vollständige Oxidation von Kohlenmonoxid und der Kohlenwasserstoffe nicht ausreichend, weshalb die Konvertierungsraten gering und somit die Emissionen hoch sind. In diesem Bereich reduzieren das Kohlenmonoxid und die Kohlenwasserstoffe für ihre Oxidation die Stickoxide nahezu

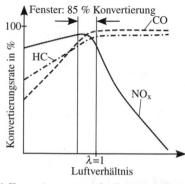

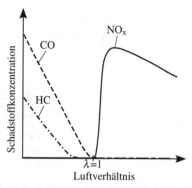

a) *Konvertierungsrate des Drei-Wege-Katalysators in Abhängigkeit vom Luftverhältnis*

b) *Schadstoffausstoß nach Drei-Wege-Katalysator in Abhängigkeit vom Luftverhältnis*

Abbildung 2.9: Funktion des Drei-Wege-Katalysators beim Ottomotor in Abhängigkeit vom Luftverhältnis (λ), schematisch nach [2, 8–14]

vollständig, was zu hohen Konvertierungsraten für Stickoxide und somit sehr geringen NO_x-Emissionen führt. Der aus den Stickoxiden gewonnene Sauerstoff ist für eine vollständige Oxidation des Kohlenmonoxids und der Kohlenwasserstoffe jedoch nicht ausreichend.

Dagegen steht im überstöchiometrischen Bereich ($\lambda > 1$) ausreichend Sauerstoff zur Oxidation und somit zur Konvertierung des Kohlenmonoxids und der Kohlenwasserstoffe zur Verfügung, weshalb die CO- und HC-Emissionen sehr gering ausfallen. Aufgrund des O_2-Überschusses stehen für die Stickoxide wenige Reduktionsmittel in Form von Kohlenmonoxid und Kohlenwasserstoffe zur Verfügung und es findet somit eine geringe NO_x-Konvertierung statt. In dem überstöchiometrischen Bereich sind die NO_x-Emissionen hoch.

Wie in Abbildung 2.9 zu sehen, können nur in einem kleinen Bereich (grau unterlegt) bei einem minimal unterstöchiometrischen Luftverhältnis gleichzeitig hohe Konvertierungsraten für alle drei Schadstoffe und somit geringe Emissionen erreicht werden. Die Gemischsteuerung kann aufgrund von unzureichenden Dynamikmodellen der Luftmassenberechnung, variierenden Kraftstoffqualitäten, Herstelltoleranzen der Bauteile des Luft- und Kraftstoffpfades und Verschleiß der Aktoren nicht die geforderte Präzision des Luftverhältnisses erreichen [91] und deshalb wird die Kontrolle der Kraftstoffzumessung in einem Regelkreis nachgeführt. Die Gemischregelung misst dabei die Abgaszusammensetzung und benutzt das Ergebnis zur Korrektur der berechneten Kraftstoffmenge (Vorsteuerwert). Dieser Regelkreis – als Lambda-Regelung bezeichnet – umfasst die Regelstrecke Motor mit dem Abgassystem bis zur Lambda-Sonde sowie die Einspritzventile als Stellglieder. Eine vereinfachte Lambda-Regelung ist in **Abbildung 2.10 auf der nächsten Seite** dargestellt. [8, 10, 15, 87, 88]

Die Regelung beruht auf der Messung des Restsauerstoffgehalts mit Hilfe einer Lambdasonde im Abgas, der Restsauerstoffgehalt ist ein Maß für das Luftverhältnis. Mit dem nachgeführten Regelkreis, der ständig das Ist-Luftverhältnis mit dem Soll-Luftverhältnis vergleicht, ist es möglich sofort auf kleinste Abweichungen zu reagieren. Misst die Sonde ein unter- oder

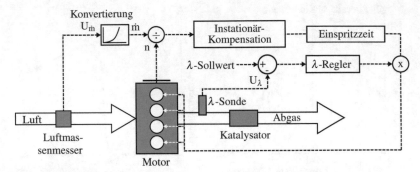

Abbildung 2.10: Schematischer Aufbau einer Lambda-Regelung [10, 15]

überstöchiometrisches Abgas, wird mit Hilfe der Regelung die Kraftstoffzumessung in Form der Einspritzzeit entsprechend korrigiert.

Im stationären Betrieb bei konstantem Sollwert kann die Regelung exakt das geforderte Luftverhältnis einstellen. Im instationären Betrieb pendelt aufgrund der systemimmanten Totzeit das Luftverhältnis mit einer bestimmten Amplitude um das stöchiometrische Luftverhältnis [15]. Die Totzeit resultiert u. a. aus den zyklischen Arbeitsspielen des Motors und aus der Gaslaufzeit zwischen Auslass und Verbauposition der Lambdasonde [10, 15]. Diese ständige Abweichung ist aufgrund der Sauerstoffspeicherfunktion des Drei-Wege-Katalysator zulässig, solange die Speicherfähigkeit nicht überschritten wird. Das Ceroxid puffert somit Über- oder Unterschwinger des Sauerstoffgehaltes im Abgas, in dem es im instationären Betrieb den überschüssigem Sauerstoff einspeichert bzw. ihn wieder aus dem Speicher frei gibt. Gleichung (2.17) bis Gleichung (2.20) zeigen die Reaktionen [13, 83, 92, 93].

- Überstöchiometrischer Betrieb mit Einspeicherung von Sauerstoff:

$$Ce_2O_3 + \frac{1}{2}O_2 \longrightarrow 2\,CeO_2 \tag{2.17}$$

$$Ce_2O_3 + NO \longrightarrow 2\,CeO_2 + \frac{1}{2}N_2 \tag{2.18}$$

- Unterstöchiometrischer Betrieb mit Ausspeicherung von Sauerstoff:

$$CeO_2 + CO \longrightarrow Ce_2O_3 + CO_2 \tag{2.19}$$

$$2\left(2\,y + \frac{1}{2}z\right)CeO_2 + C_xH_z \longrightarrow \left(2\,y + \frac{1}{2}z\right)Ce_2O_3 + y\,CO_2 + \frac{1}{2}z\,H_2O \tag{2.20}$$

Weiterhin unterstützt das Ceroxid die Dampfreformierung und dadurch die Reaktionen von Kohlenmonoxid und Kohlenwasserstoffen mit Wasser im unterstöchiometrischen Bereich. Der dabei entstandene Wasserstoff kann einen Teil der Stickoxide zu Stickstoff reduzieren. Gleichung (2.21) bis Gleichung (2.23) auf der nächsten Seite zeigen die Reaktionen [13].

$$CO + H_2O \longrightarrow H_2 + CO_2 \tag{2.21}$$

$$C_xH_y + 2\,H_2O \longrightarrow \left(2 + \frac{y}{2}\right) H_2 + x\,CO_2 \qquad (2.22)$$

$$NO_x + x\,H_2 \longrightarrow N_2 + x\,H_2O \qquad (2.23)$$

Bei überstöchiometrischem Abgas bindet das Cer(III)-oxid (Ce_2O_3) den überschüssigen Sauerstoff nach Gleichung (2.17) auf der vorherigen Seite, wobei Cer(IV)-oxid (CeO_2) entsteht. Dadurch wird eine starke Abnahme des Kohlenmonoxid und der Kohlenwasserstoffe infolge der Oxidation mit dem überschüssigen Sauerstoff verhindert und es stehen ausreichend Kohlenmonoxid und Kohlenwasserstoffe für eine Reduktion der Stickoxide zur Verfügung. Zusätzlich konvertiert das Ce_2O_3 die Stickoxide zu Stickstoff und speichert den entstandenen Sauerstoff ein, siehe Gleichung (2.18) auf der vorherigen Seite. Ein Emissionsanstieg der Strickoxide kann trotz des überstöchiometrischen Abgases kurzzeitig verhindert werden.

Bei unterstöchiometrischem Abgas mit Sauerstoffmangel gibt das CeO_2 den gebundenen Sauerstoff wieder an das Abgas ab, wodurch nach Gleichung (2.19) und Gleichung (2.20) auf der vorherigen Seite das Kohlenmonoxid und die Kohlenwasserstoffe oxidiert werden. Zusätzlich wird ein Teil des Kohlenmonoxids und der Kohlenwasserstoffe nach Gleichung (2.21) auf der vorherigen Seite und Gleichung (2.22) zu Kohlendioxid konvertiert. Ein Emissionsanstieg der beiden Schadstoffe kann trotz des unterstöchiometrischen Abgases kurzzeitig verhindert werden. Daneben werden die Stickoxide mit Hilfe von Wasserstoff zu Stickstoff oxidiert, siehe Gleichung (2.23).

Die Verwendung von Ceroxid mit seiner Sauerstoffspeicherfunktion führt zu einer signifikanten Glättung der Werte des Luftverhältnisses und steigert die Konvertierungsleistung des Drei-Wege-Katalysators. Die Abweichungen vom optimalen Luftverhältnis dürfen aber zeitlich nur so kurz und betragsmäßig so klein sein, dass die Speicherfähigkeit des Ceroxids nicht überschritten wird. Die Einhaltung muss die λ-Regelung sicherstellen. Eine zu lang anhaltende oder zu starke Abweichung vom optimalen Luftverhältnis führt zu einer vollständigen Sättigung bzw. vollständigen Leerung des O_2-Speichers und somit zu einem Anstieg der entsprechenden Emissionen. Der Katalysator allgemein und im speziellen das Ceroxid unterliegen einem Alterungsprozess, aufgrund dessen im Laufe der Zeit das Sauerstoffspeichervermögen abnimmt (siehe z. B. [94, 95]).

Abbildung 2.9 auf Seite 21 zeigt, dass im minimal unterstöchiometrischen Bereich gleichzeitig die höchsten Konvertierungsraten für alle drei Schadstoffe und somit geringe Emissionen erreicht werden. Nach Hundertmark [15] sind die beiden folgenden reaktionskinetischen Gründe dafür maßgebend: Die schneller als die NO_x-Reduktion ablaufenden Oxidationsreaktionen für Kohlenmonoxid und Kohlenwasserstoffe werden infolge des minimal unterstöchiometrischem Abgases auf das Niveau der Reaktionsgeschwindigkeit der NO_x-Reaktion verlangsamt, so dass für alle drei Schadstoffkomponenten eine annähernd gleich hohe Konvertierung erfolgt. Außerdem laufen die beiden zusätzlichen Dampfreformierungsreaktionen, die Kohlenmonoxid und Kohlenwasserstoffe zu Kohlendioxid konvertieren (siehe Gleichung 2.21 und Gleichung (2.22)) nur im unterstöchiometrischem Abgas ab.

Neben der unvermeidbaren kurzzeitigen Abweichung des Luftverhältnisses vom Sollwert im instationären Betrieb führt eine gezielte zyklische Variation des Luftverhältnisses – eine Zwangsanregung – zu einer Verbesserung der Konvertierungsrate des Drei-Wege-Katalysators. Die genauen Mechanismen sind aber nicht vollständig verstanden und die Ergebnisse in der Literatur variieren [14, 84]. Das dynamische Verhalten des Drei-Wege-Katalysators wird durch physikalische Prozesse des Wärmetransports, des Stofftransports, der chemischen Kinetik und der Strömungsdynamik bestimmt, die alle komplex sind [91]. Eine belegte Einigkeit herrscht darüber, dass eine Zwangsanregung um das stöchiometrische Luftverhältnis die Konvertierungsrate des Drei-Wege-Katalysators verbessert und zu einer Aufweitung des Konvertierungsfensters führt [8, 10, 14, 86, 88, 96, 97]. Z. B. untersuchten Falk und Mooney [88] die Konvertierungsrate von Kohlenmonoxid, Kohlenwasserstoffe und Stickoxide in Abhängigkeit von der Amplitude und Frequenz der Zwangsanregung und fanden heraus, dass bei einer Amplitude von 2 % die höchsten Konvertierungsraten erreicht werden. Wird die Amplitude weiter erhöht, sinkt die Konvertierungsrate wieder. Bei der Variation der Frequenz war ein Anstieg der Konvertierungsrate hin zu höheren Frequenzen zu beobachten.

Folgende Gründe, die zu dieser beobachteten Verbesserung der Konvertierungsleistung führen, werden in der Literatur diskutiert: Ein stationäres Luftverhältnis bewirkt ein vollständiges Leeren oder Befüllen des O_2-Speichers und somit kann im instationären Betrieb nur noch einseitig auf Abweichungen vom stöchiometrischem Luftverhältnisses reagiert werden. Eine Zwangsanregung hält den O_2-Speicher auf einem teilweise gefüllten Zustand. Ein teilweise befüllter O_2-Speicher kann kurzzeitig einen über- oder unterstöchiometrischen Betrieb puffern und hält somit an der Messstelle nach Drei-Wege-Katalysator das Luftverhältnis konstant auf einen Wert von $\lambda = 1$, was zu geringen Emissionen der drei Schadstoffe führt [14]. Dabei hängt die Sauerstoffeinspeicherung und -ausspeicherung nicht alleine von der Zeit ab, sondern auch von der Position im Katalysator, d. h, der Sauerstoff wird nicht homogen entlang des Katalysators gespeichert [91].

Nach Roy [97] muss die chemische Ab- und Desorption bei der Beurteilung der Zwangsanregung berücksichtigt werden. Ceroxid kann in der überstöchiometrischen Phase die Stickoxide [12, 97, 98] und in der unterstöchiometrischen Phase die Kohlenwasserstoffe einspeichern [97]. Bei einer Änderung des Luftverhältnisses werden die absorbierten Komponenten wieder desorbiert und können mit den im Abgas vorhandenen Stoffen reagieren.

Nach Shinjoh u. a. [86] hat eine Zwangsanregung einen positiven Einfluss auf den Oberflächenzustand des katalytisch wirkenden Edelmetall Rhodium. Unter stationären Bedingungen wird die Oberfläche von Stickstoffmonoxid leicht oxidiert, so dass andere Reaktionen verdrängt werden. Grund dafür ist die starke Affinität zwischen Rhodium und Sauerstoff. Infolge der zyklischen Schwankung wird die Katalysatoroberfläche immer wiederkehrend „gereinigt" und steht vollständig für Reaktionen zu Verfügung. Als Ergebnis davon erreicht die Konvertierungsrate den maximalen Wert. Schalow [99] kam zu ähnlichen Ergebnissen. Er ermittelte für das Edelmetall Palladium eine signifikante Abnahme der CO-Oxidationsrate mit zunehmender Bedeckung der Palladium-Partikel mit Oberflächenoxiden.

Eine ähnliche Erklärung liefern Koltsakis und Stamatelos [100]. Sie begründen die Verbesserung der Konvertierungsleistung damit, dass die Aktivität von Platin, Palladium, Rhodium und Ceroxid von deren Oxidationszahl abhängt und die Aktivität zu höheren Oxidationszahlen abnimmt. Infolge der zyklischen Variation des Luftverhältnisses werden die Washcoatkomponenten periodisch oxidiert und reduziert und somit die Oxidationszahlen wieder verringert. Das resultiert in einem höheren Level der Reduktion an Rhodium als auch in einer größeren Sauerstoffspeicherfähigkeit, verglichen mit der Situation ohne Zwangsanregung.

Nach Herz und Sell [101] hat die Wassergas-Shift-Reaktion einen Einfluss auf die CO-Konvertierung im instationären Betrieb und nach Falk und Mooney [88] und Trovarelli [92] sind die Wassergas-Shift-Reaktion und Dampfreformierung, die mit Hilfe des Ceroxids ablaufen, unter zyklischen Bedingungen aktiver als unter stationären Bedingungen.

Selektive Katalytische Reduktion

Zur Nachbehandlung der Stickoxide benötigt der überstöchiometrisch betriebene Dieselmotor ein zusätzliches System. Eine Möglichkeit repräsentiert die selektive katalytische Reduktion, das so genannte SCR-Verfahren. Unter dem SCR-Verfahren versteht man die selektive Reduktion von Stickoxiden an einem Katalysator bestehend aus Titandioxid, Vanadiumpentoxid und Wolframdioxid oder Zeolithe in einer überstöchiometrischen Abgasatmosphäre mit Hilfe von Ammoniak [102, 103]. Für die mobile Anwendung wird das gesundheitlich bedenkliche und brennbare Ammoniak mittels einer Harnstoff-Wasser-Lösung – unter dem Markennamen AdBlue bekannt – ersetzt. Harnstoff-SCR-Systeme sind im Bereich der Nutzfahrzeuge schon Stand der Technik und wie ich in zunehmendem auch im Pkw Bereich eingesetzt [104]. Bei der Umsetzung der Stickoxide wird die 32,5%ige Harnstoff-Wasser-Lösung vor dem SCR-Katalysator in den Abgasstrang eingedüst und aufbereitet. Über die chemischen Prozesse der Thermolyse, Gleichung (2.24), und Hydrolyse, Gleichung (2.25), bildet sich aus dem Harnstoff gasförmiges Ammoniak [105].

$$\text{Thermolyse: } (H_2N)_2CO \longrightarrow NH_3 + HNCO \qquad (2.24)$$

$$\text{Hydrolyse: } HNCO + H_2O \longrightarrow NH_3 + CO_2 \qquad (2.25)$$

Die NH_3-Aufbereitung und gleichmäßige Verteilung spielt dabei eine entscheidende Rolle, um eine Unter- bzw. Überversorgung in definierten Bereichen des Katalysators zu verhindern. In den unterversorgten Bereichen können die Stickoxide nicht reduziert werden. Dagegen besteht an Stellen mit NH_3-Überschuss die Gefahr eines NH_3-Schlupfes, der zu NH_3-Emissionen führt. Zur Sicherstellung einer optimalen Aufbereitung und Verteilung des NH_3 wird zwischen Eindosierung und SCR-Katalysator ein Mischer positioniert. Der Mischer bedeutet jedoch einen weiteren Anstieg des Abgasgegendrucks aufgrund von Strömungsverlusten. Die Nachschaltung eines Sperrkatalysators (Oxidationskatalysators) ist ein wirksames Mittel, um auftretende NH_3-Emissionen nach dem SCR-Katalysator zu verhindern [106]. Bei der Oxidation von Ammoniak entstehen jedoch wieder Stickoxide [107]. Eine gezielte Überdosierung von Ammoniak und die Verwendung eines zweiten SCR-Katalysators ist ein probates Mittel den Wirkungsgrad der Stickoxidkonvertierung zu erhöhen. Die zusätzlichen Katalysatoren des SCR-Systems lassen die Systemkosten und aufgrund der zusätzlichen Bauteile in der Abgasanlage den Abgasgegendruck und somit den Kraftstoffverbrauch ansteigen. Die katalytische Umsetzung der Stickoxide mit Ammoniak im SCR-Katalysator läuft nach den folgenden Reaktionen Gleichung (2.26), Gleichung 2.27 und Gleichung (2.28) auf der nächsten Seite ab [103, 106, 108–111]:

$$2\,NH_3 + 2\,NO + \frac{1}{2}\,O_2 \longrightarrow 2\,N_2 + 3\,H_2O \qquad (2.26)$$

$$2\,NH_3 + NO + NO_2 \longrightarrow 2\,N_2 + 3\,H_2O \tag{2.27}$$

$$8\,NH_3 + 6\,NO_2 \longrightarrow 7\,N_2 + 12\,H_2O \tag{2.28}$$

Der Hauptnachteil des SCR-Verfahrens sind die hohen Systemkosten und die Notwendigkeit, einen zusätzlichen Betriebsstoff im Fahrzeug mitführen zu müssen. Im Package des Fahrzeuges müssen der Tank, die Zuleitungen, die Eindosierung, der Mischer und die Steuerung untergebracht werden. Mit dem Befüllen des AdBlues wird dem Fahrzeugbetreiber eine zusätzliche Wartungsaufgabe übertragen. Eine on-board Erzeugung des Ammoniaks kann zumindest den letzten Punkt, der Mitführung des zusätzlichen Betriebsstoffes, entschärfen. Dieser Aspekt wurde in Abschnitt 2.3.5 ab Seite 13 näher beleuchtet.

Stickoxid-Speicherkatalysator

Eine andere Möglichkeit zur Nachbehandlung der Stickoxide, die sich neben der selektiven katalytischen Reduktion bei der dieselmotorischen Abhasnachbehandlung etabliert hat, repräsentiert der diskontinuierlich betriebene NO_x-Speicher-Katalysator (NSK), der eine Erweiterung des Drei-Wege-Katalysators darstellt. Neben den Edelmetallen für die Drei-Wege-Funktion ist dieser mit basischen Komponenten zur Speicherung der Stickoxide als Nitrate ausgestattet [98]. Üblicherweise kommt hierfür aufgrund des Temperaturverhaltens Bariumcarbonat ($BaCO_3$) zum Einsatz. In der Adsorptionsphase wird Stickstoffmonoxid in sauerstoffreicher Abgasatmosphäre an den Edelmetallen zu Stickstoffdioxid oxidiert, Gleichung (2.29) [112]. Mit Hilfe von Bariumcarbonat wird Stickstoffdioxid als Nitrat im Katalysator eingespeichert, Gleichung (2.30) [112].

$$2\,NO + O_2 \longrightarrow 2\,NO_2 \tag{2.29}$$

$$BaCO_3 + 2\,NO_2 + \frac{1}{2}\,O_2 \longrightarrow Ba(NO_3)_2 + CO_2 \tag{2.30}$$

Da die Speicherkapazität des NSK begrenzt ist, muss in gewissen Zeitabständen eine Regeneration mittels eines unterstöchiometrischen Betriebs des Motors erfolgen. In der Regenerationsphase werden die gespeicherten Nitrate mittels Kohlenmonoxid wieder zu Stickstoffmonoxid umgewandelt, Gleichung (2.31) [112]. Mit den in dieser Phase im Überschuss vorhandenen Reduktionsmitteln Wasserstoff, Kohlenmonoxid und Kohlenwasserstoffe erfolgt die Reduktion der Stickoxide an den Edelmetallen analog zum Drei-Wege-Katalysator, Gleichung (2.32) [112].

$$Ba(NO_3)_2 + CO \longrightarrow BaCO_3 + 2\,NO + O_2 \tag{2.31}$$

$$HC + 2\,NO + O_2 + \frac{1}{2}\,H_2 + CO \longrightarrow H_2O + 2\,CO_2 + N_2 \tag{2.32}$$

Aufgrund der notwendigen Betriebsartenumschaltung mit der unterstöchiometrischen Phase steigt der Kraftstoffverbrauch. Zudem ist der Katalysator anfällig für eine Vergiftung durch den im Kraftstoff vorhandenen Schwefel[9], der die NO_x-Einspeicherung behindert. Mit Hilfe einer Entschwefelung, die bei unterstöchiometrischem Abgas und hohen Abgastemperaturen abläuft,

---

[9] Dies betrifft nur Dieselkraftstoffe außerhalb der EU. Innerhalb der EU ist nach der Norm EN 590 ein schwefelfreier Dieselkraftstoff (Schwefelgehalt $< 0,005\,\%$) vorgeschrieben.

kann der NSK wieder regeneriert werden. Abgastemperaturen höher als etwa 750-800°C führen zu einer Schädigung des Katalysators [113, 114].

Partikelfilter

Als letztes Abgasnachbehandlungssystem wird der vorwiegend beim Dieselmotor eingesetzte Partikelfilter vorgestellt. Zukünftig wird die Anwendung im Ottomotorenbereich Einzug halten. Stand der Technik ist ein Wallflow-Filter [25], der die vom Dieselmotor emittierten Rußpartikel aus dem Abgas abscheidet. Er besteht aus einem keramischen Monolithen mit einer Vielzahl von parallelen Kanälen, die wechselseitig verschlossen sind und somit als Einlass- und Auslasskanäle fungieren. Das durchströmende Abgas muss daher durch die porösen Wände des Monolithen strömen. Dabei lagern sich die Rußpartikel in den Poren und auf den Wänden ab. Dem positiven Effekt einer über 99,9 prozentigen Partikelreduktion stehen aber negative Begleiterscheinungen wie z. B. die Erhöhung des Abgasgegendrucks und somit auch des Kraftstoffverbrauchs gegenüber. In **Abbildung 2.11** ist das Funktionsprinzip eines Partikelfilters veranschaulicht.

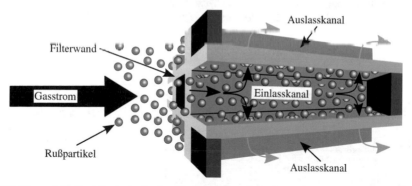

Abbildung 2.11: Funktionsprinzip eines Partikelfilters, eigene Darstellung nach [16]

Aufgrund der Ablagerung der Rußpartikel wird der Querschnitt der Kanäle im Laufe der Zeit verengt und somit steigt der Abgasgegendruck mit dem Grad der Beladung an. Die Rußbeladung des Partikelfilters wird anhand der Druckdifferenz vor und nach Partikelfilter ermittelt. Ab einer bestimmten Beladung ist eine thermische Regeneration in Form eines Abbrennens der eingelagerten Rußpartikel notwendig. Dafür sind Abgastemperaturen von mindestens 500 bis 600 °C und ein Sauerstoffgehalt von drei bis sieben Prozent notwendig [4, 22, 24, 80, 115, 116]. Da die im Dieselabgas angebotenen Abgastemperaturen dieses Niveau meist nicht erreichen, müssen zusätzliche Maßnahmen getroffen werden [4, 80, 117]. Pauli u. a. [22] und Herrmann u. a. [80] geben einen Überblick der Regenerationsmaßnahmen. Eine bewährte Maßnahme ist die aktive diskontinuierliche Regeneration, bei der nach Erreichen der Beladungsgrenze mittels einer Nacheinspritzung die notwendige Abgastemperatur für den Abbrand der Rußpartikel eingestellt wird (siehe auch Abschnitt 2.3.6 ab Seite 15). Neben einer ausreichenden Temperatur erfordert der Abbrand der eingelagerten Rußpartikel auch einen ausreichenden Sauerstoffgehalt im Abgas, der beim überstöchiometrisch betriebenen Dieselmotor sichergestellt ist. Der bei

dieser Maßnahme entstehende Kraftstoffmehrverbrauch liegt bei etwa drei bis sechs Prozent
[80].

2.4 Wirkungsgrad und Verlustteilung

Der Kraftstoffverbrauch ist eine entscheidende Kenngröße des Dieselmotors und gibt Auskunft
über den Wirkungsgrad des betrachteten Motors. Der Quotient aus nutzbarer zu aufgewendeter
Energie wird als Wirkungsgrad bezeichnet. Der Gesamtwirkungsgrad des Dieselmotors setzt
sich aus einer Reihe einzelner Wirkungsgrade zusammen. Eine Verlustteilung gibt Aufschluss
über die Höhe der einzelnen Verluste, die zu den entsprechenden Wirkungsgraden führen. Die
Verluste werden unterschieden in die Verluste an der Arbeit im Hochdruckteil[10], die Verluste an
der Arbeit während des Ladungswechsels und den Verlust infolge der Reibung des Motors. Dabei
werden die Anteile der einzelnen Verluste ausgehend vom thermodynamischen Idealprozess,
dem Gleichraumprozess, berechnet und bis zum betrachteten realen Motorprozess nachvollzogen.
Der Wirkungsgrad η_{GR} des Idealprozesses hängt dabei nur vom Verdichtungsverhältnis ε und
dem Luftverhältnis λ als Funktion des Isentropenexponenten κ ab. Gleichung (2.33) zeigt den
Zusammenhang und in **Abbildung A.2 auf Seite 143** im Anhang wird es veranschaulicht. [18,
118]

$$\eta_{GR} = 1 - \varepsilon^{1-\kappa} \tag{2.33}$$

Nach Weberbauer u. a. [118] gliedern sich die Verluste des Hochdruck-, des Ladungswech-
selprozesses und der Reibung in 11 Einzelverluste auf. **Abbildung 2.12** zeigt eine Übersicht
der verschiedenen Wirkungsgrade und Einzelverluste. Die dem Prozess zugeführte Gesamt-

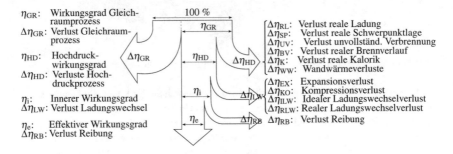

Abbildung 2.12: Verlustteilung des Verbrennungsmotors, eigene Darstellung nach [17–19]

energie reduziert sich zunächst um den Verlust des idealen Vergleichsprozesses $\Delta\eta_{GR}$ auf den
Wirkungsgrad des Gleichraumprozesses η_{GR} und anschließend um die Einzelverluste des
Hochdruckprozesses $\Delta\eta_{HD}$ auf den Wirkungsgrad des Hochdruckprozesses η_{HD}. Mit den La-
dungswechselverlusten $\Delta\eta_{LW}$ wird die Energie weiter auf den inneren Wirkungsgrad η_i und

---

[10] Der Hochdruckteil umfasst die Kompression, Verbrennung und Expansion ohne Berücksichtigung des Ladungswechsels. Im p-V-Diagramm ist dieser Teil als rechtsläufiger Prozess gekennzeichnet, siehe **Abbildung A.3a auf
Seite 144**.

abschließend aufgrund der mechanischen Verluste $\Delta\eta_{RB}$ auf den effektiven Wirkungsgrad η_e reduziert. Folgend werden die Einzelverluste detaillierter dargestellt.

Ausgehend vom Gleichraumprozess η_{GR} ist der erste Schritt in der Verlustteilung der Verlust des vollkommenen Motors mit realer Ladung $\Delta\eta_{RL}$. Hier wird sich bereits stark am zu analysierenden Betriebspunkt des Motors orientiert und es werden u. a. die realen Massen und Stoffwerte erfasst. Im nächsten Schritt wird die reale Schwerpunktlage der Verbrennung $\Delta\eta_{SP}$ berücksichtigt. Dieser Verlust berücksichtigt die Wärmefreisetzung abweichend vom oberen Totpunkt. Unter dem Verlust aus unvollständiger und unvollkommener Verbrennung $\Delta\eta_{UV}$ ist der energetische Verlust aufgrund der Abgasbestandteile Kohlenmonoxid, Wasserstoff, Kohlenwasserstoffe und Ruß zu verstehen, der die dem Prozess zugeführte Wärmemenge verringert. Ein weiterer Verlust entsteht aufgrund des realen Brennverlaufes $\Delta\eta_{RV}$, der die Wärme nicht in unendlicher kurzer Zeit freigesetzt, sondern über einige Grad Kurbelwinkel andauert und somit die Brenndauer bestimmt. Der Verlust der realen Kalorik $\Delta\eta_{RK}$ berücksichtigt die Eigenschaften des Zylinderinhalts (Luft, Kraftstoff und Restgas) in Abhängigkeit von Druck und Temperatur. Während der Verbrennung geht ein Teil der zugeführten Wärme über die Brennraumwände in das Kühlmittel und Öl, sowie durch Konvektion und Strahlung an die Umgebung über und wird als Wandwärmeverlust $\Delta\eta_{WW}$ quantifiziert. Mit dem Expansionsverlust $\Delta\eta_{EX}$ und dem Kompressionsverlust $\Delta\eta_{KO}$ werden die realen Steuerzeiten berücksichtigt und das Öffnen des Auslassventils vor UT – der Verlust aufgrund des nicht vollständigen Ausnutzens der Expansion bis zum UT – und das Schließen des Einlassventils nach UT – der Verlust gegenüber der dem UT verzögerten Kompression – einbezogen. Die Expansions- und Kompressionsverluste zeigen beim Otto- und Dieselmotor sehr geringe absolute Anteile auf [119]. Da der reale Motorprozess kein geschlossener Kreisprozess ist und vom Ladungswechsel unterbrochen wird, teilen sich die Verluste des Ladungswechsels in den idealen $\Delta\eta_{ILW}$ und realen Ladungswechselverlust $\Delta\eta_{RLW}$ auf. Bei dem idealen Ladungswechselverlust wird die prinzipbedingte Ladungswechselarbeit berücksichtigt – z. B. die Arbeit eines gedrosselten im Vergleich zu einem ungedrosselten Motor – und aus den gemittelten Ein- und Auslassdrücken berechnet. Bei dem realen Ladungswechselverlust werden darüber hinaus die Druckverluste in den Steuerorganen und die Druckschwingungen in den angeschlossenen Leitungen einbezogen. Abschließend werden die Verluste infolge der Reibung $\Delta\eta_{RB}$ des Laufzeugs und des Betriebs der Nebenaggregate – wie z. B. des Generators – quantifiziert. **Abbildung A.3 auf Seite 144** im Anhang zeigt die Verluste im p-V-Diagramm.

3 Stöchiometrisches heterogenes Dieselbrennverfahren

Zur Erfüllung der strengen Abgasgesetzgebungen wurden in der Vergangenheit verschiedene Technologien zur inner- und außermotorischen Reduzierung der Schadstoffe beim Dieselmotor eingeführt, speziell komplexe und kostenintensive Stickoxidabgasnachbehandlungssysteme (siehe Abschnitt 2.3.6 ab Seite 14), deren Bedeutung in der Zukunft aller Voraussicht nach weiter zunehmen wird. Wie weiter oben vorgestellt stellt der vom Ottomotor bekannte einfache und kostengünstige Drei-Wege-Katalysator eine alternative Lösung für die Stickoxidnachbehandlung dar. Dieser benötigt zum optimalen Betrieb eine stöchiometrische Abgaszusammensetzung (siehe Abschnitt 2.3.7 ab Seite 19). Ein konventioneller Dieselmotor arbeitet mit einem überstöchiometrischen Brennverfahren (siehe Abschnitt 2 ab Seite 5).

Eine Literaturrecherche zu dem Thema „stöchiometrisches Dieselbrennverfahren in Verbindung mit einem Drei-Wege-Katalysator" ergab 30 Veröffentlichungen [21, 39, 120–147] und 19 Patente [148–166]. Diese Liste erhebt aber nicht den Anspruch auf Vollständigkeit. Der nächste Abschnitt stellt den Inhalt ausgewählter Veröffentlichungen und Patente vor und zeigt somit den gegenwärtigen Stand der Technik. Am Ende dieses Abschnittes werden die wesentlichen Aspekte kurz zusammengefasst.

3.1 Zusammenfassung bisheriger Veröffentlichungen

Tauzia und Maiboom [146] und Kim u. a. [123] haben in experimentellen und simulativen Untersuchungen an einem Vollmotor und an einem 0,5 l Einzylinderdieselmotor in Teillastbetriebspunkten die Konvertierungsleistungen von Drei-Wege-Katalysatoren nahe der stöchiometrischen Verbrennung – λ von 0,95 bis 1,05 variiert – untersucht. Das stöchiometrische Gemisch wurde über Androsselung oder mit Hilfe von AGR eingestellt. Ein mit Palladium und Rhodium ausgestatteter Drei-Wege-Katalysator kann die NO_x- und CO- bis 99 % und die HC-Emissionen bis 57 % konvertieren, wobei bei $\lambda = 1,005$ die höchsten Konvertierungsraten für Kohlenmonoxid, Kohlenwasserstoffe und Stickoxide erreicht werden. Aufgrund der Androsselung steigen die CO-Rohemissionen im Vergleich zu dem überstöchiometrischen Brennverfahren an. Eine Androsselung mit AGR hat im Vergleich zu einer Androsselung ohne AGR einen geringeren Kraftstoffverbrauch. Neben den verringerten Drosselverlusten ist eine Verringerung der Verbrennungstemperatur, die eine Verringerung der Wandwärmeverluste zur Folge hat, Grund für den geringeren Kraftstoffverbrauch. Auf die Konvertierungsrate des verwendeten Drei-Wege-Katalysators haben die gewählten Betriebsarten keinen Einfluss.

Ogawa u. a. [120] untersuchten experimentell eine Kombination aus einer hohen AGR-Rate und einen Drei-Wege-Katalysator an einem Einzylinderdieselmotor mit 1,0 l Hubraum bei Verwendung eines hoch sauerstoffhaltigen Kraftstoffes. Bei geringen Lasten im überstöchiometrischen Betrieb wird AGR zur Verringerung der NO_x-Rohemissionen eingesetzt, dabei steigen die CO-und HC-Rohemissionen signifikant an, können aber in diesem Betriebsbereich durch den verwendeten Drei-Wege-Katalysator über einen breiten Lastbereich konvertiert werden. Bei hohen Lasten werden die NO_x-Rohemissionen im stöchiometrischen Betrieb mit wenig AGR vom Drei-Wege-Katalysator konvertiert. Im Vergleich mit konventionellen Dieselkraftstoff verringert der verwendete Kraftstoff bei beiden Betriebsarten den Anstieg der Rußemissionen.

Zur Reduzierung der Rußemissionen und Vereinfachung des Systemaufbaus verzichteten Lee u.a. [125, 129] und Winsor und Baumgard [132] in ihren Untersuchungen an Sechszylindermotoren mit 4,5 l und 9,0 l Hubraum auf AGR. Verglichen mit dem konventionellen überstöchiometri-schen Brennverfahren führt der stöchiometrische Betrieb zu einer heißen Verbrennung und zu einem Kraftstoffmehrverbrauch von bis zu 15 %. Für eine Einhaltung der geforderten Grenzwerte (Tier 4) benötigt der Drei-Wege-Katalysator bei stöchiometrischer Verbrennung eine Konver-tierungsrate von 92 %. Frühe Einspritzzeitpunkte und ein erhöhter Einspritzdruck führen zur besseren Gemischaufbereitung und die erhöhten Verbrennungstemperaturen führen zur besseren Rußoxidation, die drei Parameter enden in geringen Rußrohemissionen (FSN[1] = 1 - 2). Mit Hilfe des Restsauerstoffes und den erhöhten Abgastemperaturen beim stöchiometrischem Betrieb kann der Partikelfilter ohne weitere zusätzliche Maßnahmen über weite Betriebsbereiche regeneriert werden.

Mork [126] verglich experimentell das stöchiometrische mit dem konventionellen überstö-chiometrischen Brennverfahren an einem Einzylindermotor mit 0,5 l Hubraum und externer Fremdaufladung in stationären Betriebspunkten in Bezug auf Wirkungsgrade und Emissionen. Neben dem Kraftstoff Diesel wurde auch der Kraftstoff Naphtha untersucht. Der stöchiometri-sche Betrieb ermöglicht mit Hilfe des Drei-Wege-Katalysators bei Diesel- oder Naphthabetrieb eine nahezu vollständige Konvertierung der Schadstoffe Kohlenmonoxid, Kohlenwasserstoffe und Stickoxide bis zur Volllast hin. Er führt aber gleichzeitig zu einem erhöhten Kraftstoffver-brauch sowie Rußrohemissionen und die verringerte Luftmenge zu höheren Prozess- wie auch Abgastemperaturen mit größeren Wandwärmeverlusten und erhöhten thermischen Belastungen für das Triebwerk. Eine erhöhte Drehzahl verschärft die thermischen Belastungen deutlich. Eine Schwerpunktlage von 8° KW n. OT erzielt den besten Kraftstoffverbrauch. Eine Voreinspritzung führt zu einer Verringerung der Akustikemissionen, aber die Rußemissionen steigen abhängig von Menge und Abstand zur Haupteinspritzung an.

Zu ähnlichen Ergebnissen gelangte Klingemann [21] in seinen experimentellen Untersuchun-gen an einem Einzylindermotor mit 0,4 und 0,5 l und an einem Vollmotor mit 1,6 l Hubraum. Er untersuchte zusätzlich den Einfluss der Einspritzdüsengeometrie und der Kolbenmulde auf die Emissionen. Messungen zur Partikelverteilung im Rohabgas zeigten eine Verschiebung in Richtung größerer Partikel. Eine passive Regeneration des Partikelfilters[2] konnte nachgewiesen werden. Eine einfache simulative Betrachtung des NO_x-Reduzierungspotenzials und Kraftstoff-mehrverbrauchs in verschiedenen Fahrzyklen zeigte eine Absenkung der Stickoxide um bis zu 60 % und eine Kraftstoffverbrauchszunahme bis zu 11 %.

Chase u.a. [121, 122], Park & Reitz [127, 147], Maiboom & Tauzia [130, 142, 145] und Lee u. a. [144] führten experimentell und simulativ an Einzylinderdieselmotoren mit 0,4 l und 0,5 l Hub-

---

[1] Filter Smoke Number (FSN) = Schwärzungsmesswert
[2] Rußoxidation ohne aktive oder katalytische Regenerationsmaßnahmen

raum in Teillastbetriebspunkten eine Betriebsparametervariation bei stöchiometrischem Betrieb durch, um den Einfluss auf den Kraftstoffverbrauch und die Emissionen zu ermitteln. Besonders niedrige NO_x-Rohemissionen können um $\lambda = 1$ herum erreicht werden, wobei der Ladedruck und die Last die dominanten Einflussfaktoren sind. Die Saugrohrtemperatur und der Einspritzzeitpunkt haben einen relativ geringen Einfluss auf die NO_x-Rohemissionen, Einspritzdruck und Drall gar keinen. Ein hoher Einspritzdruck und hoher Ladedruck sind beim stöchiometrischen Brennverfahren der entscheidende Faktor für eine gute Gemischaufbereitung. Für alle gewählten Einspritzzeitpunkte wachsen die Rußrohemissionen nahe $\lambda = 1$ wegen der Verringerung des Sauerstoffgehalts an, können aber mit Hilfe einer Erhöhung des Einspritzdruckes verringert werden. Im Vergleich zu konventionellen Düsengeometrien zeigen Einspritzdüsen mit Viellochgeometrien erhöhte NO_x-Rohemissionen, aber sie erzeugen eine bessere Homogenisierung und eine signifikante Reduzierung des Kraftstoffverbrauchs und der CO- und Rußrohemissionen über verschiedene λ und vor allem bei $\lambda = 1$. Wird das stöchiometrische Gemisch über AGR eingestellt, steigt der Kraftstoffverbrauch gegenüber dem konventionellen überstöchiometrischen Brennverfahren um 7 % an, die Einstellung des stöchiometrischen Gemisches über Drosselung führt dagegen zu einem Kraftstoffmehrverbrauch von über 30 %. Im stöchiometrischem Betrieb mit Hilfe von AGR senken ein erhöhter Ladedruck, hoher Einspritzdruck und ein früher Einspritzzeitpunkt den spezifischen Kraftstoffverbrauch, dagegen erhöht ihn ein hoher Drall. Beim stöchiometrischen Betrieb über Drosselung sind die CO-Rohemissionen infolge des Kraftstoffauftrags auf die Wand deutlich erhöht und ein Grund für den Kraftstoffmehrverbrauch. Aber der gedrosselte stöchiometrische Betrieb ermöglicht aufgrund von erhöhten Abgastemperaturen die Regeneration des Partikelfilters ohne aktive oder katalytische Regenerationsmaßnahmen. Ein stöchiometrischer Betrieb mit Hilfe von Drosselung und AGR zeigt die höchsten Verbräuche.

Park und Reitz [143] betrachteten in CFD-Untersuchungen an einem Einzylinderdieselmotor mit 0,5 l Hubraum in Teillastbetriebspunkten verschiedene Muldengeometrien bei Variation der Betriebsparameter. Die Rohemissionen des stöchiometrischen Brennverfahrens werden vom Partikelfilter und dem verwendeten Drei-Wege-Katalysator ausreichend konvertiert. Der spezifische Kraftstoffverbrauch kann im Vergleich zum Ausgangspunkt mit einer geänderten Kolbengeometrie verbessert werden, eine flache und weite Mulde stellt dabei das Optimum dar. Bei den Betriebsparametern ist eine frühe Einspritzlage und ein enger Spraywinkel optimal und eine Erhöhung des Ladedruckes verhindert die Wandfilmbildung. Geringe Saugrohrtemperaturen sowie erhöhte AGR-Raten werden benutzt, um die Akustikemissionen zu senken.

Kim u. a. [124] und Solard u. a. [131] und Sung u. a. [141] führten experimentell an seriennahen Vierzylindermotoren mit 2,0 l Hubraum bei verschiedenen Teillastbetriebspunkten eine Einspritzparametervariation durch. Verglichen mit dem konventionellen überstöchiometrischen Brennverfahren sinkt der effektive Wirkungsgrad um 5 bis 10 % . Eine frühe große Voreinspritzung, die die Quetschzone erreicht und eine Haupteinspritzung, die die Kolbenmulde erreicht, führt zu einer guten Luftausnutzung und somit zu einem besseren thermischen Wirkungsgrad. AGR hat einen negativen Einfluss auf den Verbrennungswirkungsgrad, auf die Rußrohemissionen und die Ladungswechselverluste. Eine Erhöhung des Einspitzdruckes verbessert die Gemischaufbereitung.

Elsaßer [139] und Kröger [39] untersuchten in ihren unveröffentlichten Arbeiten experimentell das stöchiometrische Brennverfahren in Verbindung mit einem Drei-Wege-Katalysator an einem seriennahen 1,6 l bzw. 2,0 l Vierzylinderdieselmotor im WHSC- und WHTC-Prüfzyklus. Das Motorkennfeld wurde in einen überstöchiometrischen und stöchiometrischen Betriebsbereich aufgeteilt. Mit dieser Betriebsstrategie konnten die Grenzwerte für die Schadstoffnorm EU VI im WHSC-Prüfzyklus eingehalten werden, im WHTC-Prüfzyklus wurde der Grenzwert für die Stickoxide knapp verfehlt. Der Kraftstoffverbrauch sowie die CO-, HC- und Rußrohemissionen stiegen an und eine Regeneration des Partikelfilters ohne aktive oder katalytische Regenerationsmaßnahmen konnte jeweils in einem Betriebspunkt nachgewiesen werden. Die in [39] ermittelten Erkenntnisse waren Anlass zur Fortführung und Erweiterung des Themas im Rahmen dieser Dissertation.

Im Rahmen dieser Dissertation wurden von am Projekt beteiligten Studenten unveröffentlichte Abschlussarbeiten angefertigt [135–138]. Die wissenschaftlichen Fragestellungen der Abschlussarbeiten wurden dabei durch den Autor der vorliegenden Arbeit im Rahmen der Betreuungsleistung vorgegeben. Die Messdaten und Auswertungen wurden den Studenten zur Verfügung gestellt bzw. unter Leitung des Autors erarbeitet. An den entsprechenden Stellen wird im Folgenden darauf hingewiesen.

3.2 Zusammenfassung der Patente

In diesem Abschnitt werden die Ideen ausgewählter Patente zu dem Thema „stöchiometrisches Dieselbrennverfahren in Verbindung mit einem Drei-Wege-Katalysator" beschrieben.

Pott und Zillmer [158] stellen ein Verfahren zum Betreiben einer Verbrennungskraftmaschine vor, wobei das von der Verbrennungskraftmaschine erzeugte Abgas über einen Partikelfilter und über eine Drei-Wege-katalytische Beschichtung geführt wird. Im Wesentlichen entspricht das Luft-Kraftstoff-Gemisch dem stöchiometrischen Luftverhältnis mit einem mittleren $\lambda = 1 \pm 0,01$ und das Luftverhältnis wird mit einer vorbestimmten Schwingungsfrequenz und einer vorbestimmten Schwingungsamplitude um den mittleren Lambdawert periodisch alternierend in Richtung eines Mager- und eines Fettlambdawertes ausgelenkt. Die Schwingungsfrequenz und -amplitude werden so gewählt, dass der Partikelfilter quasi-kontinuierlich regeneriert werden kann.

Mehta u. a. [149] melden eine mit Dieselkraftstoff befeuerte stöchiometrisch betriebene Verbrennungskraftmaschine an, wobei die stöchiometrische Verbrennung durch eine zweite Kraftstoffeinspritzung während einer negativen Ventilüberschneidung stattfindet.

Heywood [160] meldet die Einstellung des stöchiometrischen Gemisches mit Hilfe von Abgasrückführung an. Die Abgasrückführung wird intern mittels Ventilsteuerzeitenmodifikationen realisiert, um eine definierte Frischgas- und Restgasmasse im Zylinder zu erhalten. Möglichkeiten zur Abgasrückführung über die Ventilsteuerzeiten sind dabei frühes Einlassschließen, Ventilüberschneidung oder erneutes Öffnen des Auslassventils während des Ansaugtaktes.

Dibble u. a. [150] beschreiben eine Steuerungsmethode für einen stöchiometrisch betriebenen Dieselmotor. Ein „fuel processor" beeinflusst den Kraftstoffpfad, insbesondere die Regulierung der Kraftstoffzumessung für eine Gruppe von Zylindern im oder um den stöchiometrischen Betrieb herum und gleichzeitig die Abschaltung einer anderen Gruppe von Zylindern. Die Anzahl der befeuerten und abgeschalteten Zylinder wird aus dem Sollmoment geteilt durch das bereitgestellte Moment eines Zylinder unter stöchiometrischen Bedingungen berechnet. Die Anzahl der befeuerten Zylinder kann über die Zyklen variieren, so dass das Istmoment gemittelt über mehrere Zyklen dem geforderten Sollmoment entspricht.

Klingemann u. a. [156] beschreiben eine Vorrichtung zur Erzeugung elektrischer Energie mittels eines stöchiometrisch betriebenen Dieselmotors.

Balthes u. a. [162] beschreiben ein Betriebsverfahren für einen Kraftfahrzeug-Dieselmotor mit einer Abgasreinigungsanlage bestehend aus einem Drei-Wege- und einem SCR-Katalysator. Unterschreitet der SCR-Katalysator eine vorgebbare Mindesttemperatur z. B. während des Warmlaufes des Dieselmotors, wird der Dieselmotor wenigstens zeitweise mit einem Luftverhältnis von etwa $\lambda = 1,0$ betrieben und die entstehenden Stickoxide mit Hilfe des Drei-Wege-Katalysators konvertiert. Der stöchiometrische Betrieb kann gleichzeitig zur Aufheizung der Abgasanlage benutzt werden. In einem zweiten Betriebsbereich, in welchem der SCR-Katalysator die vorgebbare Mindesttemperatur überschreitet, wird der Dieselmotor mit einem für normalen Dieselmotorbetrieb typischen Luftüberschuss betrieben.

Durrett [167] beschreibt eine Vorrichtung, bei dem ein überstöchiometrisch betriebener Verbrennungsmotor mit einem Drei-Wege-Katalysator kombiniert wird. Das für den Betrieb des Drei-Wege-Katalysators notwendige stöchiometrische Luftverhältnis wird mittels einer Sauerstoffabtrennvorrichtung stromaufwärts des Drei-Wege-Katalysators erzeugt.

3.3 Kurzfassung der wesentlichen Aspekte

- Das stöchiometrische Brennverfahren in Verbindung mit einem Drei-Wege-Katalysator ermöglicht eine annähernd vollständige Konvertierung der Schadstoffe Kohlenmonoxid, Kohlenwasserstoffe und Stickoxide. Der stöchiometrische Betrieb kann dabei über eine Androsselung der Frischluft oder durch Ersetzen der Frischluft mit AGR eingestellt werden, wobei sich eine Androsselung bei kleinen Lasten negativ auf den Kraftstoffverbrauch auswirkt.
- Im Vergleich zum konventionellen überstöchiometrischen steigen infolge des stöchiometrischen Brennverfahrens der Kraftstoffverbrauch sowie die CO-, HC- und Rußrohemissionen an, die NO_x-Rohemissionen sinken. Die Nutzung von AGR verstärkt den Anstieg der Rohemissionen. Verschiedene Betriebs- und Brennraumparameter können zu einer Verbesserung der Rohemissionen und des Kraftstoffverbrauchs führen, aber das Niveau des konventionellen überstöchiometrischen Brennverfahrens wird nicht erreicht.
- Aufgrund der Verringerung der Frischluftmasse weist das stöchiometrische Brennverfahren höhere Prozess- sowie Abgastemperaturen auf und erhöht damit die Bauteilanforderungen.
- Ein verwendeter Partikelfilter kann die erhöhten Rußemissionen aufnehmen und die erhöhten Abgastemperaturen und der vorhandene Restsauerstoff bei der stöchiometrischen Verbrennung ermöglichen eine Regeneration ohne weitere applikative oder katalytische Maßnahmen.

- Das stöchiometrische Brennverfahren muss nicht zwangsweise im gesamten Kennfeldbereich angewendet werden, eine Kombination von konventionellem überstöchiometrischen Teillastbetrieb mit AGR und einem stöchiometrischen Betrieb bei hohen Lasten ist möglich.

4 Zielsetzung der Arbeit

Der Dieselmotor als ein Vertreter der verbrennungsmotorischen Antriebstechnologie bietet Potenzial, gegenwärtig und in naher Zukunft den CO_2-Ausstoß zu verringern und, bis die elektrische Antriebstechnologie den gleichen Stand erreicht hat, erschwingliche und ausgereifte Mobilität zu sichern. Er kann somit als eine CO_2-günstige Brücke zu den elektrischen Antrieben angesehen werden. Wegen der notwendigen, aber aufwändigen Abgasnachbehandlung steht der Dieselmotor bzgl. der Einhaltung der geforderten Abgasgrenzwerte vor besonderen Herausforderungen. Das stöchiometrische Brennverfahren kann dabei eine Lösung dieser Herausforderung sein.

Wie in Abschnitt 3 ab Seite 31 vorgestellt, war das stöchiometrische Brennverfahren bereits Gegenstand mehrerer Forschungsarbeiten, wobei der Schwerpunkt auf der Untersuchung des Einflusses von Parameter- und Bauteilvariationen auf die Emissionen und den Kraftstoffverbrauch im stationären Betrieb lag. Alle Arbeiten haben gezeigt, dass der Betrieb eines Drei-Wege-Katalysators mit dem stöchiometrischen Brennverfahren am Dieselmotor möglich ist und sehr geringe Emissionen erreicht werden können. Ein erhöter Kraftstoffverbrauch und erhöhte Rußemissionen stellten dabei die Kehrseite dar. Bei aller wissenschaftlichen Betrachtung und Bewertung des Brennverfahrens darf die Möglichkeit der Umsetzung für die praktische Anwendung nicht außer Acht gelassen werden. Die Umsetzung im realen Fahrbetrieb und die Bewertung anhand von Prüfzyklen konnte bisher nicht hinreichend dargestellt werden. Im Rahmen dieser Arbeit wird deshalb der Frage nachgegangen, inwiefern das stöchiometrische Brennverfahren in Verbindung mit einem Drei-Wege-Katalysator auf einen seriennahen Dieselmotor übertragen werden kann, ob und wie eine Anwendung im instationären Betrieb möglich ist und wie sich das Emissionsminderungspotenzial und der Kraftstoffverbrauch in verschiedenen Prüfzyklen darstellt. Somit wird die bisherige Lücke zwischen der stationären Bewertung des neuartigen Brennverfahrens und der Anwendbarkeit im realen Fahrbetrieb geschlossen. Aus der Zielsetzung werden folgende Arbeitsinhalte abgeleitet:

- Übertragung des stöchiometrischen Brennverfahrens auf den in dieser Arbeit verwendeten Versuchsmotor mit anschließender Analyse und Optimierung der Konvertierungsleistung des verwendeten Abgasnachbehandlungssystems im stationären Betrieb
- Analyse der Wirkungsgrade mit Hilfe einer Verlustteilung
- Realisierung des instationären stöchiometrischen Betriebs, Auswahl einer Betriebsstrategie im Motorkennfeld und Sicherstellung einer hohen Konvertierungsleistung des Abgasnachbehandlungssystems
- Untersuchung und Bewertung des Brennverfahrens in verschiedenen aktuellen
- Analyse und Bewertung des Beladungs- und Regenerationsverhaltens des Partikelfilters

© Springer Fachmedien Wiesbaden GmbH, ein Teil von Springer Nature 2018
C. Kröger, *Stöchiometrisches heterogenes Dieselbrennverfahren im stationären und instationären Motorbetrieb*, AutoUni – Schriftenreihe 125, https://doi.org/10.1007/978-3-658-22501-8_4

5 Versuchsaufbau und -durchführung

In diesem Kapitel wird der Versuchsaufbau und die Durchführung der Versuche vorgestellt, dazu gehört die Vorstellung des verwendeten Versuchsträgers mit dem Aufbau der Prüfstände samt ihren Systemen und der genutzten Messtechnik. Anschließend werden die untersuchten Prüfzyklen und die Ermittlung des Rußeintrages in den Partikelfilter beschrieben.

5.1 Versuchsmotor

Der Versuchsträger ist ein Seriendieselmotor aus dem Volkswagen Konzern mit 2,0 l Hubraum. Aufgrund seines Einsatzes im Pkw- und leichten Nutzfahrzeugbereich fiel die Entscheidung in Hinblick auf eine ausführliche Bewertung des stöchiometrischen Brennverfahrens in verschiedenen Prüfzyklen auf diesen Motor. **Tabelle 5.1** zeigt die wichtigsten Kenndaten. Im Anhang in **Tabelle A.2 auf Seite 136** ist eine ausführliche Darstellung der Kenndaten zu finden und in [33, 168] wird der Aufbau des Motors detailliert beschrieben.

Tabelle 5.1: Kenndaten der Versuchsmotors

Arbeitsverfahren	4-Takt Diesel
Anzahl Zylinder	4
Ventile je Zylinder	4
Hubraum	1968 cm^3
Hub	95,5 mm
Bohrung	81,0 mm
Pleuellänge	144 mm
Verdichtungsverhältnis	16,5
maximales Drehmoment	320 Nm bei 1750 – 3000 1/min
Nennleistung	110 kW bei 4250 1/min

Der Motor ist mit folgenden Komponenten ausgestattet:

- Abgasturbolader mit variabler Turbinengeometrie
- saugrohrintegrierter Ladeluftkühler
- Drosselklappen im Ansaug- und Abgassystem
- Hochdruck- sowie gekühlte Niederdruckabgasrückführung
- Zylinderdruckregelung
- 2000 bar Common-Rail-Einspritzsystem

Das motornahe Serienabgasnachbehandlungssystem bestehend aus einem Oxidationskatalysator und einem Dieselpartikelfilter wird für die Versuche um einen Drei-Wege-Katalysator erweitert, der hinter dem Dieselpartikelfilter platziert wird. Es handelt sich um einen Serienkatalysator für Ottomotoren. **Tabelle 5.2 auf der nächsten Seite** zeigt die Kenndaten des verwendeten

© Springer Fachmedien Wiesbaden GmbH, ein Teil von Springer Nature 2018
C. Kröger, *Stöchiometrisches heterogenes Dieselbrennverfahren im stationären und instationären Motorbetrieb*, AutoUni – Schriftenreihe 125, https://doi.org/10.1007/978-3-658-22501-8_5

Drei-Wege-Katalysators. Zum Betrieb des Drei-Wege-Katalysators werden zwei stetige Lambda-
sonden (LSU von der Firma Bosch) verwendet, wobei die Sonde vor dem Oxidationskatalysator
als Regelsonde verwendet und die Sonde nach dem Drei-Wege-Katalysator zur Überwachung
der ersten Sonde herangezogen wird.

Tabelle 5.2: Kenndaten des Drei-Wege-Katalysators

Volumen	1,71
Edelmetallbeladung	150 g/ft^3
Edelmetallverhältnis	0 Pt : 143 Pd : 7 Rh

Abbildung 5.1 zeigt schematisch die Ansaug- und Abgasstrecke des Versuchsmotors.

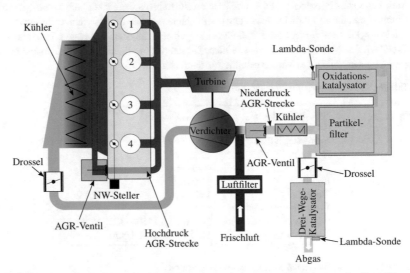

Abbildung 5.1: Prinzipskizze des Versuchsmotors mit Ansaug- und Abgasstrecke, Drei-Wege-
Katalysator als Erweiterung

5.2 Versuchsfahrzeug

Der oben beschriebene Motor ist in einem Versuchsfahrzeug – einem Volkswagen Golf VI mit
Handschaltgetriebe – eingebaut. In **Tabelle 5.3 auf der nächsten Seite** sind die wichtigsten
Daten aufgeführt. In dieser Konfiguration wird das stöchiometrische Brennverfahren für den
Pkw-Bereich untersucht. Zusätzlich wird das stöchiometrische Brennverfahren im Fahrzeug
auch für die Anwendung im leichten Nfz-Bereich untersucht. Dafür wird das Versuchsfahrzeug
umgebaut und die Kenndaten an ein Zielfahrzeug angepasst. Die Daten des Zielfahrzeuges sind
in **Tabelle 5.4 auf der nächsten Seite** dargestellt.

Tabelle 5.3: Kenndaten des Versuchsfahrzeugs Golf

Fahrzeugtyp	Volkswagen Golf VI
Schwungmasse	3500 lbs
Getriebeart	Handschaltgetriebe
Getriebeübersetzung[1]	3,77 (I)/1,96 (I)/1,26 (I)/0,87 (I)/0,86 (II)/0,72 (II)
Achsübersetzung	I: 3,45, II: 2,76
Bereifung	205/55 R16

Tabelle 5.4: Kenndaten des Versuchsfahrzeugs Crafter

Fahrzeugtyp	Volkswagen Crafter
Schwungmasse	5000 und 6000 lbs
Getriebeart	Handschaltgetriebe
Getriebeübersetzung	3,58/1,84/1,07/1,00/0,56/0,48
Achsübersetzung	1,42
Kardanübersetzung	4,18
Bereifung	235/65 R16

Die Anpassung an das Zielfahrzeug wird einerseits mittels einer Änderung der Getriebeübersetzung und des Reifendurchmessers und andererseits am Fahrzeugprüfstand mit Hilfe der Wahl der Schwungmassenklasse erreicht. In **Tabelle 5.5** sind die Geschwindigkeitsunterschiede in den jeweiligen Gangstufen nach erfolgten Umbaumaßnahmen dargestellt. Die Abweichungen liegen im arithmetischen Mittel bei einem Wert von 1,1 %, die maximale Abweichung beträgt 3,5 %.

Tabelle 5.5: Geschwindigkeitsdifferenz Crafter und modifizierter Golf, n = 3900 1/min

Gangstufe	Geschwindigkeit Crafter (Zielvorgabe) in km/h	Geschwindigkeit Golf als Crafter-Umbau in km/h	Abweichung in %
1	24,73	24,70	-0,1
2	48,10	47,27	-1,7
3	82,69	79,80	-3,5
4	125,52	124,35	-0,9
5	158,74	156,86	-1,2
6	186,06	187,12	0,6

5.3 Prüfstandsaufbau und verwendete Messtechnik

Das stöchiometrische Brennverfahren in Verbindung mit dem verwendeten Drei-Wege-Katalysator wird einerseits am Motorprüfstand im stationären und instationären Betrieb und andererseits

---

[1] Getriebe mit zwei Abtriebswellen, Gang 1-4 auf Welle I, Gang 5 und 6 auf Welle II

im Fahrzeug auf einem Fahrzeugprüfstand als Pkw und leichtes Nfz in verschiedenen Prüfzyklen untersucht. Im Folgenden wird der Aufbau der beiden Prüfstände mit der entsprechenden Steuerungs- und Messtechnik erläutert.

5.3.1 Motorprüfstand

Der Aufbau des Prüfstandes mit seinen Verknüpfungen ist in **Abbildung 5.2** schematisch dargestellt. Der Versuchsmotor ist an eine elektrische Leistungsbremse angeschlossen mit der

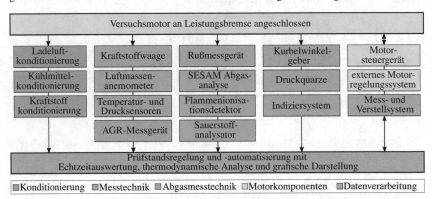

Abbildung 5.2: Prüfstandsaufbau mit seinen einzelnen Systemkomponenten

bestimmte Drehzahlen und Lasten vorgegeben werden können. Die technischen Daten der Leistungsbremse sind im Anhang in **Tabelle A.4 auf Seite 137** zu finden. Zum Betrieb des Versuchsmotors ist dieser an Konditionier- und Kühleinrichtungen angeschlossen. Diese konditionieren den Versuchsmotor und seine Betriebsstoffe auf die vorgegebenen Werte und führen gleichzeitig die entstandene Wärme des Versuchsmotors ab, siehe **Tabelle 5.6**.

Tabelle 5.6: Konditionierte Temperaturen der Motorprüfstandes

Betriebsstoff	geregelte Temperatur
Kraftstoff	15 °C
Kühlflüssigkeit	90 °C
Ladeluft	40 °C
Umgebungsluft	21 °C

Die Prüfstandsregelung und -automatisierung als zentrales Bindeglied aller Komponenten übernimmt die Steuerung, die Regelung, die Überwachung und die Messdatenerfassung des Prüfstandes. Bei der Vermessung von stationären Betriebspunkten werden die Messdaten aller Untersysteme gesammelt und pro Messpunkt über die Dauer von 30 Sekunden gemittelt. Vom Indiziersystem werden pro Messpunkt die Daten aus 50 Motorzyklen aufgenommen. Bei instationären Versuchen werden die Daten mit einer Messfrequenz von 5 Hz aufgezeichnet. Nach

Beendigung des Versuchs werden die Messwerte des Abgasmesssystems um die Totzeiten der Abgasmessanlage korrigiert, siehe **Tabelle A.11 auf Seite 139** im Anhang.

Zur Umsetzung des stöchiometrischen Brennverfahrens wird neben dem konventionellen Steuergerät ein externes und modellbasiertes Motormanagementsystem – im weiteren als externes Motorregelungssystem bezeichnet – verwendet[2], siehe [169]. Es steuert und regelt einen Teil der Betriebsparameter, nimmt Änderungen am Luft- und Einspritzpfad vor und ersetzt somit teilweise die konventionelle Motorsteuerung. Mit diesem externen Motorregelungssystem ist es möglich, den instationären stöchiometrischen Betrieb abzubilden und dabei alle Möglichkeiten der einzelnen Stellglieder zu verwenden. Mit Hilfe des Mess- und Verstellsystems kann während des Betriebs auf das Motorsteuergerät und das externe Motorregelungssystem zugegriffen und die Betriebsparameter können verändert werden.

Für die thermodynamische Analyse wurde die Zylinderdruckindizierung des am Prüfstand eingesetzten Motors erweitert. Zusätzlich zu den in den Glühkerzen untergebrachten serienmäßigen Drucksensoren wurde der Motor für jeden Zylinder mit einem Hochdruckquarz ausgerüstet. Außerdem wurden zwei Niederdruckquarze in die Ansaug- und Abgasstrecke eingebracht. Die technischen Daten der verwendeten Sensoren sind im Anhang in **Tabelle A.12 auf Seite 140** zu finden. Aufgrund der gegebenen Platzverhältnisse im Zylinderkopf mussten für die Hochdruckindizierung ungekühlte Drucksensoren verwendet werden. Damit geht eine Verfälschung des Messsignals aufgrund des instationären Wärmestroms während eines Arbeitsspiels (Kurzzeitdrift oder Thermoschock), dem die Sensormembran ausgesetzt ist, einher (siehe auch [170]). Die Messkette der Hochdrucksensoren wurde mittels einer Druckwaage kalibriert.

Zur Ermittlung der Emissionen ist der Versuchsmotor mit vier Abgasentnahme- und zwei Rußentnahmestellen (Messstellen) ausgerüstet, wobei pro Versuch nur an jeweils einer Entnahmestelle gemessen werden kann. Die gasförmigen Emissionen können vor Turbine (im weiteren Verlauf als Rohemissionen bezeichnet), nach Oxidationskatalysator, nach Partikelfilter und nach Drei-Wege-Katalysator entnommen werden. Zur Bestimmung der Rußemissionen ist vor und nach dem Partikelfilter eine Entnahmestelle platziert. Im Anhang in **Tabelle A.10 auf Seite 139** sind die technischen Daten der Abgasmesstechnik zu finden.

Neben den Seriensensoren ist der Versuchsmotor mit zusätzlichen Druck- und Temperaturmessstellen ausgerüstet. Da die Messverfahren der eingesetzten Messgeräte allgemein bekannt sind, wird auf deren Funktion an dieser Stelle nicht weiter eingegangen. Die technischen Daten der verwendeten Messtechnik sind im Anhang im Abschnitt A.4 ab Seite 137 zu finden.

5.3.2 Fahrzeugprüfstand

Zur Ermittlung der Emissionen und des Kraftstoffverbrauchs in verschiedenen Fahrzyklen wird das Versuchsfahrzeug auf einem Rollenprüfstand betrieben. In **Abbildung A.1 auf Seite 141** im Anhang ist der Aufbau eines Rollenprüfstandes dargestellt. Das Versuchsfahrzeug ist mit seinen Antriebsrädern über eine Rolle mit der Leistungsbremse des Prüfstandes verbunden. Über diese

---

[2] Die Rapid Prototyping-Software läuft auf einem Controller Board ES1135 in einem ES1000-System der Firma ETAS

Leistungsbremse lassen sich die realen Fahrzeugwiderstände, die auf das Fahrzeug im Straßen-
betrieb einwirken, mittels verschiedener Schwungmassen einstellen und die Fahrzeugträgheit
wird simuliert. Somit ist es möglich, unabhängig vom Fahrzeuggewicht verschiedene Fahrzeuge
zu simulieren. Zur Bestimmung der Abgasemissionen und des Kraftstoffverbrauchs kommt eine
CVS-Abgasmessanlage (Constant Volume Sampling) zum Einsatz. Der Abgasstrom wird in
einem Verdünnungstunnel mit Raumluft vermischt und als Probe in einem oder mehreren beheiz-
ten Beuteln gesammelt. Nach Beendigung des Versuchs kann der Inhalt dieser Beutel mit Hilfe
von Analysatoren ausgewertet werden. Anhand des bekannten Verdünnungsfaktors und durch
Integration der Messergebnisse erfolgt die Bestimmung der jeweiligen Gesamtemission. Die
zurückgelegte Wegstrecke berechnet sich über die Drehzahl und den Durchmesser der Rolle. Die
Ergebnisse der Versuche werden in Masse/Strecke angegeben. Zusätzlich können die Emissionen
analog zum Motorprüfstand kontinuierlich in Abhängigkeit der Zeit gemessen werden.

5.4 Prüfzyklen

Wie bereits in der Zielsetzung beschrieben, ist das Ziel dieser Arbeit eine ausführliche Bewertung
des stöchiometrischen Brennverfahrens im Rahmen der aktuellen und zukünftigen Abgasgesetzgebung. Eine allumfassende Bewertung würde den Rahmen dieser Arbeit jedoch überschreiten
und daher werden repräsentative Prüfzyklen für den Pkw- und Nfz-Bereich ausgewählt und
beispielhaft das Emissionsminderungspotenzial und der Kraftstoffverbrauch untersucht. Der
besondere Schwerpunkt liegt auf der Untersuchung der Eignung des Brennverfahrens zur Einhaltung der Grenzwerte der Euro-VI-Abgasnorm. Für den Nfz-Bereich werden die Zyklen WHSC
bzw. WHTC und die Fahrzyklen NEDC und WLTC ausgewählt. Im Pkw-Bereich wird sich zur
Verringerung des Versuchsumfangs ausschließlich auf den Fahrzyklus NEDC konzentriert. Im
Folgenden werden die untersuchten Zyklen vorgestellt.

5.4.1 WHSC- und WHTC-Prüfzyklus

Der quasistationäre World Harmonized Stationary Cycle (WHSC)- und der instationäre World
Harmonized Transient Cycle (WHTC)-Prüfzyklus sind Fahrzyklen für die Prüfung von Nutzfahrzeugen für die Schadstoffnorm Euro VI in Europa. Sie werden vorwiegend – wie in dieser Arbeit
– auf einem Motorprüfstand durchgeführt, eine Durchführung auf einem Fahrzeugprüfstand
ist jedoch auch möglich. Zur Erfüllung der Abgasnorm müssen die jeweiligen Grenzwerte, in
Tabelle 5.7 dargestellt, in beiden Zyklen eingehalten werden.

Tabelle 5.7: Grenzwerte Euro VI in g/kWh für den WHSC- und WHTC-Prüfzyklus [29]

Schadstoff	CO	NO_x	HC	NH_3	PM
WHSC	1,5	0,40	0,13	10 ppm	0,01
WHTC	4,0	0,46	0,16	10 ppm	0,01

Der gestuft stationäre Prüfzyklus WHSC besteht aus einer Abfolge von 13 Drehzahl- und Last-stufen und hat eine Gesamtdauer von 1895 Sekunden. Der Motor läuft in jeder Stufe eine vorge-schriebene Zeit, wobei Drehzahl und Last am Anfang jeder Stufe innerhalb von 20 ± 1 Sekunden linear zu verändern sind. Die Übergangsphasen sind bereits in den vorgeschriebenen Stufen-zeiten enthalten. Der instationäre WHTC-Prüfzyklus ist eine Folge von im Sekundenabstand wechselnden Drehzahl- und Drehmomentwerten und hat eine Gesamtdauer von 1800 Sekunden. Der normierte WHSC- und der normierte WHTC-Prüfzyklus sind in **Abbildung 5.3** dargestellt. Negative Drehmomentwerte beim WHTC-Zyklus zeigen den Schubbetrieb an. Im Anhang in **Tabelle A.15 auf Seite 142** ist die Dauer jeder Stufe für den WHSC aufgeführt und in UN-/ ECE-Regelung Nr. 49 [20] ist die vollständige Stufentabelle für den WHTC als Ablaufplan für den Motorprüfstand zu finden. Die Umrechnung der normierten Betriebspunktvorgaben

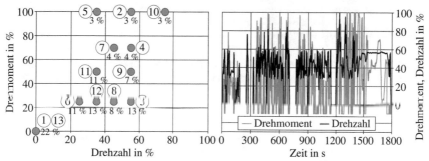

a) *WHSC-Prüfzyklus: normierte Lage in %*   **b)** *Prüfzyklus: normiert in %, negative Dreh-*
und Gewichtung der 13 Stufen   *momentwerte = Schubbetrieb*

Abbildung 5.3: WHSC- und WHTC-Prüfzyklus [20]

in absolute Drehzahl- und Drehmomentwerte wird mit Hilfe einer Motorabbildungskurve, die der Volllastlinie des zu untersuchenden Motors entspricht, erreicht. In UN-/ECE-Regelung Nr. 49 [20] ist die Vorgehensweise für die Umrechnung in absolute Werte beschrieben. Während des gesamten Zyklus werden die Konzentrationswerte der emittierten gas- und partikelförmi-gen Schadstoffe, der Abgasdurchsatz und die Leistungsabgabe aufgenommen. Zur Berechnung der leistungsspezifischen Emissionen ist die tatsächliche Zyklusarbeit durch Integration der tatsächlichen Motorleistung über den Zyklus zu errechnen und anschließend der Quotient aus Schadstoffemission und Zyklusarbeit zu bilden, siehe **Gleichung** (5.1).

$$e = \frac{m}{W_{act}} \qquad (5.1)$$

e   spezifische Emission in g/kWh
m   Massenemission des Bestandteils in g/Prüfung
W_{act} tatsächliche Zyklusarbeit in kWh

Der WHSC-Prüfzyklus wird mit betriebswarmem Motor, der WHTC-Prüfzyklus mit einem Kaltstart geprüft. Unmittelbar nach der ersten Prüfung mit Kaltstart wird der Motor für 6 Minuten heiß abgestellt und eine weitere Messung mit Warmstart wird durchgeführt. Das endgültige Prüfergebnis für den WHTC ist ein gewichteter Mittelwert aus Kaltstart und Warmstartprüfung gemäß **Gleichung** (5.2):

$$e = \frac{(0,14 \cdot m_{cold}) + (0,86 \cdot m_{hot})}{(0,14 \cdot W_{act,\,cold}) + (0,86 \cdot W_{act,\,hot})} \qquad (5.2)$$

m_{cold}	Massenemission des Bestandteils der Kaltstartprüfung in g/Prüfung
m_{hot}	Massenemission des Bestandteils der Warmstartprüfung in g/Prüfung
$W_{act,\,cold}$	tatsächliche Zyklusarbeit der Kaltstartprüfung in kWh
$W_{act,\,hot}$	tatsächliche Zyklusarbeit der Warmstartprüfung in kWh

5.4.2 NEDC- und WLTC-Prüfzyklus

Der New European Driving Cycle (NEDC) ist ein instationärer Fahrzyklus, der seit 1992 für die Prüfung von Pkw und leichten Nutzfahrzeugen in Europa vorgeschrieben ist. In seiner heutigen Form ist er seit 1996 gültig, wobei die einzuhaltenden Grenzwerte fortlaufend vom Gesetzgeber verringert wurden. Er hat eine Gesamtlänge von 11 Kilometern und eine Dauer von 1200 Sekunden. Der NEDC besteht aus vier sich wiederholenden Grundfahrzyklen, die zusammengefasst den Stadtfahrzyklus bilden. An den Stadtfahrzyklus schließt sich der Überlandfahrzyklus an. [9]

Aufgrund des eingeschränkten Realitätsbezugs des Zyklus, der nur in geringem Umfang eine reale Straßenfahrt abbildet und somit zu Differenzen in den Emissionen und Kraftstoffverbrauchs-angaben zwischen Hersteller und tatsächlichen Emissionen und Kraftstoffverbrauch vor Kunde führt, werden schon seit längerer Zeit Alternativen diskutiert [171–173]. Als Nachfolgezyklus wurde der Worldwide Harmonized Light Vehicles Test Cycle (WLTC) festgelegt, der ab 1. September 2017 in Kraft tritt [174, 175]. Er hat eine Gesamtlänge von 23 Kilometern und eine Dauer von 1800 Sekunden. Da zum Zeitpunkt der Durchführung der experimentellen Untersuchungen für diese Arbeit noch keine Regelung der Emissionsgesetzgebung in Bezug auf den WLTC vorlag, wurde sich für eine Orientierung an den für den NEDC geltenden Euro-6-Emissionsgrenzwerten entschieden. Die Prüfung der beiden Zyklen erfolgt auf Fahrzeugprüfständen. Nach einer vorge-benen Konditionierungszeit von 6 h wird der Motor kalt gestartet. Die Emissionen werden in Beuteln gesammelt und die Emissionsergebnisse in g/km angegeben (siehe auch Abschnitt 5.3.2 ab Seite 43). In **Tabelle 5.8 auf der nächsten Seite** sind die Grenzwerte für den NEDC für die Abgasnorm Euro 6 für Pkw und leichte Nutzfahrzeuge dargestellt und **Abbildung 5.4 auf der nächsten Seite** zeigt das Geschwindigkeitsprofil des NEDC- und des WLTC-Prüfzyklus.

Tabelle 5.8: Grenzwerte Euro 6 in g/km für den NEDC-Fahrzyklus

Fahrzeug-klasse	Bezugs-masse[3]	CO	NO_x	HC + NO_x	PM	PZ in 10^{11} #/km
M[4]	alle	0,50	0,080	0,170	4,5	6,0
N1 III[5]	>1760 kg	0,74	0,125	0,215	4,5	6,0

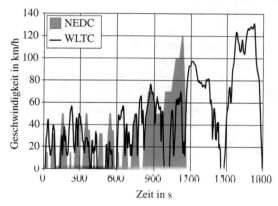

Abbildung 5.4: Geschwindigkeitsprofil des NEDC- und WLTC-Prüfzyklus

5.5 Rußeintrag in den Partikelfilter

Der Rußeintrag in den Partikelfilter kann anhand von zwei Größen ermittelt werden. Der Anstieg des Differenzdruckes über Partikelfilter ist eine Möglichkeit den Rußeintrag zu quantifizieren. Da infolge des den Partikelfilter durchströmenden, kontinuierlichen Rußmassenstroms sich dessen Kanäle zusetzen und somit den Abgasgegendruck erhöhen, ist die Höhe des Anstiegs des Differenzdruckes ein Kennzeichen für den Rußeintrag. Zur Quantifizierung wird der Druck vor und nach Partikelfilter gemessen und die Differenz gebildet. Mithilfe der Differenzdruck-änderung kann nach **Gleichung** (5.3) die Beladung des Partikelfilters während einer Messung bestimmt werden. Aufgrund der einfachen Realisierung wird diese Methode zur Überwachung des Beladungszustandes des Partikelfilters in der Serie angewendet.

$$\text{Differenzdruckänderung (Anstieg)} = \underbrace{p_{\text{v. PF}} - p_{\text{n. PF}}}_{\text{Differenzdruck nach Messung}} - \underbrace{p_{\text{v. PF}} - p_{\text{n. PF}}}_{\text{Ausgangsdifferenzdruck}} \qquad (5.3)$$

Bei der Durchführung muss beachtet werden, dass eine Abhängigkeit des Differenzdruckes von der Temperatur des Partikelfilters und der Höhe des Abgasmassenstromes besteht und

---

[3] „Bezugsmasse" die Masse des fahrbereiten Fahrzeugs abzüglich der Pauschalmasse des Fahrers von 75 kg und zuzüglich einer Pauschalmasse von 100 kg [31]

[4] Fahrzeuge zur Personenbeförderung mit mindestens vier Rädern [176]

[5] Fahrzeuge zur Güterbeförderung mit mindestens vier Rädern mit einer zulässigen Gesamtmasse bis zu 3,5 Tonnen [176]

somit nur identische Betriebspunkte miteinander verglichen werden können. Zu diesem Zweck wird in dieser Arbeit vor und nach der Messung des zu untersuchenden Betriebspunktes oder Prüfzyklus ein zusätzlicher Betriebspunkt in den Versuchsablauf ergänzt, 2000 1/min und 75 Nm mit deaktivierter AGR. Um ein einheitliches Ausgangsniveau zu erhalten, wird die Messung mit einem regenerierten Partikelfilter gestartet. Nachfolgend wird der Versuchsablauf dargestellt:

1. Start mit regeneriertem Partikelfilter
2. Einstellung des zusätzlichen Betriebspunktes
3. Messung des Ausgangsdifferenzdruckes nach 5 min bei konstanten Messwerten (Startdruck)
4. Messung des Betriebspunktes oder Prüfzyklus
5. Rückkehr in den zusätzlichen Betriebspunkt
6. Messung des Differenzdruckes nach 5 min bei konstanten Messwerten (Enddruck)
7. Bestimmung der Differenzdruckänderung nach Gleichung (5.3) auf der vorherigen Seite

Die andere Möglichkeit zur Quantifizierung des Rußeintrages besteht in der Bestimmung der Massenzunahme des Partikelfilters. Bei dieser Methode wird vor und nach dem zu untersuchenden Betriebspunkt oder Prüfzyklus der Partikelfilter ausgebaut und mittels einer Waage die Beladungsmasse gravimetrisch ermittelt. Der Vergleich Masse vor und nach der Messung ergibt die Massenzunahme des Filters und damit die Masse der eingelagerten Rußpartikel. Im Vergleich zur Differenzdruckmethode liefert diese Methode genauere Ergebnisse, bedeutet jedoch einen deutlich erhöhten Versuchsaufwand. Zur Verringerung des Versuchsaufwandes wird in dieser Arbeit die Wägung des Partikelfilters nicht im gleichem Umfang angewendet und dient im Wesentlichen zur Überprüfung der Ergebnisse der Differenzdruckmethode. Der in dieser Arbeit verwendete Versuchsablauf wird im Folgenden beschrieben:

1. Regeneration des Partikelfilters
2. Ausbau des heißen Partikelfilters
3. Messung der Temperaturen und des Gewichts des Partikelfilters
4. Einbau des Partikelfilters
5. Warmfahren des Motors bei 2000 1/min und 75 Nm und deaktivierter AGR auf 100 °C Öltemperatur
6. Messung des zu untersuchenden Betriebspunktes oder Prüfzyklus
7. Ausbau des heißen Partikelfilters
8. Messung der Temperaturen und Masse des Partikelfilters

Nach Abschluss der beiden Messungen lässt sich mit **Gleichung** (5.4) die Massenzunahme des Dieselpartikelfilters infolge der Rußbeladung bestimmen.

$$\text{Masse}_{\text{eingelagerter Ruß}} = \underbrace{m_{2,\text{DPF}}}_{\text{Masse beladen}} - \underbrace{m_{1,\text{DPF}}}_{\text{Masse regeneriert}} \qquad (5.4)$$

Um die Messfehler gering zu halten, werden für jeden zu untersuchenden Prüfzyklus nacheinander fünf Zyklen vermessen und anschließend die Masse bestimmt. Durch Division des Ergebnisses durch die Anzahl der Tests lässt sich der Rußeintrag pro Zyklus ermitteln. In **Abbildung 5.5 auf der nächsten Seite** ist der verwendete Messaufbau dargestellt. Die technischen Daten der verwendeten Waage sind im Anhang in **Tabelle A.13 auf Seite 140** zu finden. Da der

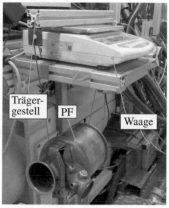
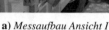
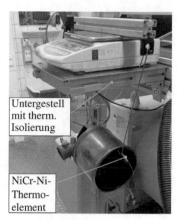

a) *Messaufbau Ansicht I*   **b)** *Messaufbau Ansicht II*

Abbildung 5.5: Messaufbau zur Verwiegung des Partikelfilters

elektrische Widerstand der Dehnmessstreifen der Waage eine Temperaturabhängigkeit aufweist, wird ein hängender Messaufbau mit wärmeisolierendem Material gewählt, um eine Temperaturbeeinflussung des Wiegeergebnisses auszuschließen. Zur Überwachung wird während der Messungen die Temperatur zwischen der Waage und dem Untergestell erfasst. Da sich das Gewicht des Partikelfilters mit der Temperatur ändert, wird während der Wägung die Temperatur an definierten Messstellen im Partikelfilter mittels NiCr-Ni-Thermoelementen aufgenommen. Vor dem Ablesen der Masse werden die Thermoelemente aus dem Partikelfilter entnommen.

Nachdem der verwendete Versuchsmotor für den Motorprüfstand und das Versuchsfahrzeug, die zu untersuchenden Prüfzyklen und die Vorgehensweise zur Ermittlung des Rußeintrags in den Partikelfilter vorgestellt wurden, werden im nächsten Abschnitt die Ergebnisse der Versuche vorgestellt und diskutiert.

6 Stationärer stöchiometrischer Betrieb beim Dieselmotor

Die Untersuchungen des stöchiometrischen Brennverfahrens in Verbindung mit einem Drei-Wege-Katalysator sind in drei Teile gegliedert. Der erste Teil beschäftigt sich mit der Analyse des Brennverfahrens in stationären Betriebspunkten. Ein entscheidender Gesichtspunkt dabei ist der Einfluss des Luftverhältnisses auf die Konvertierungsrate der verwendeten Katalysatoren und auf den Wirkungsgrad. Im zweiten Teil wird der instationäre stöchiometrische Betrieb behandelt. Im dritten Teil wird auf die Partikelfilterbeladung und -regeneration im stöchiometrischen Betrieb eingegangen.

6.1 Realisierung des stöchiometrischen Betriebs

Ein stöchiometrisches Luftverhältnis kann grundsätzlich über zwei verschiedene Wege eingestellt werden. Gleichung (6.1) zeigt die Berechnung.

$$\lambda = \frac{\dot{m}_L}{m_K \cdot l_{st}} \rightarrow 1 = \frac{\dot{m}_L}{m_K \cdot 14,8} \rightarrow \begin{array}{l} \dot{m}_K = \frac{1}{14,8} \cdot \dot{m}_L \\ m_L = m_K \cdot 14,8 \end{array} \tag{6.1}$$

Nach Gleichung (6.1) kann einerseits bei einer definierten Luftmasse die $\frac{1}{14,8}$-fache Kraftstoffmasse zugeführt werden. Andererseits kann bei einer definierten Kraftstoffmasse die 14,8-fache Luftmasse zugeführt werden. Da eine Änderung der Kraftstoffmasse eine signifikante Betriebspunktänderung zur Folge hat (eine momentenneutrale Nacheinspritzung wird hier nicht betrachtet), wird im Rahmen dieser Arbeit zur Einstellung des stöchiometrischen Luftverhältnisses die Luftmasse verändert. Aufgrund der Wirkungsgradänderung muss bei dieser Regelung ebenfalls eine geringe Betriebspunktänderung hingenommen werden. Da der konventionelle Dieselmotor grundsätzlich mit einem Luftüberschuss (Luftverhältnis $\lambda > 1$) betrieben wird, ist eine Verringerung der Luftmasse im Zylinder notwendig. Die Luftmasse kann mittels Verringerung des Saugrohrdruckes oder mittels Ersetzung der Frischluft mit AGR verringert werden (siehe auch Abschnitt 3.1 ab Seite 31). Die Nutzung von AGR erhöht jedoch die Rohemissionen, im Besonderen die Rußemissionen. Aus diesem Grund wird auf diesen Weg verzichtet und die Ladedruckverringerung favorisiert.

Oberhalb der Saugvolllast[1] kann bei dem hier verwendeten Versuchsmotor eine Verringerung der Luftmasse ohne Einschränkungen über eine Verringerung des Saugrohrdruckes mit Hilfe der variablen Turbinengeometrie erreicht werden. Unterhalb der Saugvolllast muss für eine Verringerung des Saugrohrdruckes der Luftmassenstrom gedrosselt werden. Infolge der Drosselung steigen die Ladungswechselverluste, die zu einem Anstieg des Kraftstoffverbrauches führen. Deshalb wird im Rahmen dieser Arbeit der stöchiometrische Betrieb ausschließlich oberhalb der

---

[1] Mit einem stöchiometrisch betriebenen Saugmotor größte erreichbare Last, $p_{Saugrohrdruck} = p_{Umgebung}$

© Springer Fachmedien Wiesbaden GmbH, ein Teil von Springer Nature 2018
C. Kröger, *Stöchiometrisches heterogenes Dieselbrennverfahren im stationären und instationären Motorbetrieb*, AutoUni – Schriftenreihe 125, https://doi.org/10.1007/978-3-658-22501-8_6

Saugvolllast angewendet und auf eine Androsselung verzichtet. Zur Regelung der Last wird in diesem Betriebsbereich nach dem Vorbild eines Ottomotors eine Quantitätsregelung verwendet. **Abbildung 6.1** zeigt schematisch das Kennfeld des Versuchsmotors mit dem stöchiometrischen Betriebsbereich.

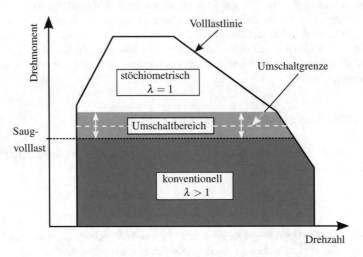

Abbildung 6.1: Aufteilung des Motorkennfeldes in einen konventionellen überstöchiometrischen und einen stöchiometrischen Betriebsbereich, schematisch

Unterhalb der Umschaltgrenze wird der Motor überstöchiometrisch mit einer Qualitätsregelung betrieben. Die Lage der Umschaltgrenze wird im Laufe dieser Arbeit untersucht. Der stöchiometrische Betrieb wird im Hinblick auf geringen Kraftstoffverbrauch so wenig wie möglich, aber im Hinblick auf geringe Emissionen so viel wie nötig angewendet. Zu Beginn der Versuche wird die Umschaltgrenze auf einen effektiven Mitteldruck von 9,6 bar – das entspricht einem Drehmoment von 150 Nm – im Bereich von 1000 bis 3500 1/min festgelegt. Zur Stabilisierung des Systems und zur Verhinderung eines unkontrollierten Aufschwingens wird die Grenze mit einer Hysterese versehen. Bei Erhöhung der Last wird bei 150 Nm in den stöchiometrischen Betrieb umgeschaltet. Bei Verringerung der Last wird erst bei 140 Nm wieder zurück in den überstöchiometrischen Betrieb gewechselt.

Das stöchiometrische Luftverhältnis wird analog zum Ottomotor mit Hilfe einer Lambdarege-lung, die das externe Motorregelungssystem bereitstellt, geregelt (siehe auch Abschnitt 2.3.7 ab Seite 19). Der Lambda-Regler ist als PI-Regler ausgeführt und die motornahe Position der Regel-sonde vor Oxidationskatalysator wurde im Hinblick auf hohe Dynamik mit kleinen Totzeiten der Gassäule gewählt. Zusätzliche Stichversuche (hier nicht dargestellt) zu einer alternativen Verbau-position der Regelsonde nach Partikelfilter zeigten zudem, dass aufgrund der Oxidationsvorgänge im Oxidationskatalysator das Luftverhältnis nicht regelbar ist. Nachdem die Umsetzung des stöchiometrischen Betriebs vorgestellt wurde, wird im Folgenden der Einfluss des Luftverhältnisses betrachtet.

6.2 Einfluss des Luftverhältnisses auf die Emissionen

Wie in Abschnitt 2.3.7 ab Seite 19 dargestellt, hat das Luftverhältnis einen entscheidenden Einfluss auf die Konvertierungsrate des Drei-Wege-Katalysators und somit auf die Emissionen des Ottomotors. Eine ähnliche Abhängigkeit zeigte sich auch beim stöchiometrisch betriebenen Dieselmotor in Verbindung mit einem Drei-Wege-Katalysator. In vorhergehenden Arbeiten wurde in ausgewählten Betriebspunkten ebenfalls das Luftverhältnis untersucht und als der entscheidende Einfluss auf die Emissionen und die Konvertierungsrate der verwendeten Drei-Wege-Katalysatoren ermittelt [21, 121, 126, 132, 144, 146]. Ergänzend zu der Literatur wird im Folgenden das stöchiometrische Brennverfahren auf den in dieser Arbeit verwendeten seriennahen Versuchsmotor übertragen und der Einfluss des Luftverhältnisses auf die Emissionen und die Konvertierungsraten der verwendeten Katalysatoren untersucht und diskutiert. Das Ziel ist es, die Emissionen von Kohlenmonoxid, Kohlenwasserstoffen und Stickoxiden im gesamten Kennfeld des Versuchsmotors mit seinen beiden Betriebsbereichen abzubilden

Für die Durchführung wird der Versuchsmotor bei einer Drehzahl von 2000 1/min und einer Last von 200 Nm, das entspricht einem effektiven Mitteldruck von $p_{me} = 12,8$ bar, betrieben. Das Luftverhältnis wird zwischen $\lambda = 0,985$ und $\lambda = 1,100$ variiert. Da der Bereich um $\lambda = 1,0$ entscheidend ist, wird dort eine geringere Schrittweite gewählt. Es wird für jede Messstelle (Rohemissionen, nach Oxidationskatalysator bzw. nach Partikelfilter und nach Drei-Wege-Katalysator) eine Messung durchgeführt. Dieser Versuch wurde bereits im Rahmen einer Masterarbeit [39] durchgeführt und die Rohdaten wurden für diese Arbeit erneut verwendet. **Abbildung 6.2 auf der nächsten Seite** zeigt die Ergebnisse.

Es sind die Emissionen an den einzelnen Messstellen in Abhängigkeit vom Luftverhältnis dargestellt und das Diagramm ist in drei Unterdiagramme aufgeteilt, für jede Messstelle ein Diagramm. Das erste Diagramm zeigt die Rohemissionen von CO, HC, O_2, NO_x und Ruß. Die CO- und Ruß-Rohemissionen sinken stetig mit größer werdenden Luftverhältniswerten. Dagegen steigen die NO_x-und O_2-Rohemissionen mit größer werdenden Luftverhältniswerten stetig an. Die HC-Rohemissionen verharren nahe der Nachweisgrenze. Aus diesem Grund wird zur Verbesserung der Übersichtlichkeit auf die Darstellung der HC-Emissionen bei den folgenden Diagrammen verzichtet und in der Diskussion der Ergebnisse nicht näher auf sie eingegangen.

Im zweiten Diagramm sind die Emissionen nach Oxidationskatalysator bzw. nach Partikelfilter dargestellt. Zur Erhöhung der Übersichtlichkeit wurde die Skalierung der linken Y-Achse angepasst, infolge dessen wird nur ein Teil der Kurve der O_2-Emissionen angezeigt. Der maximale Wert der O_2-Emissionen beträgt 72 g/kWh bei $\lambda = 1,10$. Zusätzlich sind die NO_x-Rohemissionen als gepunktete Linie zu Vergleichszwecken eingezeichnet. Nach Oxidationskatalysator liegen die CO-Emissionen im gesamten untersuchten Bereich unterhalb der Rohemissionen. Im unterstöchiometrischen Bereich fallen sie in Richtung größer werdender Luftverhältniswerte ab

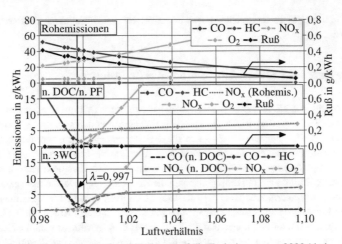

Abbildung 6.2: Einfluss des Luftverhältnisses auf die Emissionen, n = 2000 1/min,
Md = 200 Nm, Abgastemperatur$_{n.\ Turbine}$ > 600 °C, Messstellen: Rohemis-
sionen, nach Oxidationskatalysator (DOC) / nach Partikelfilter (PF) und nach
Drei-Wege-Katalysator (3WC)

und befinden sich im überstöchiometrischen Bereich an der Nachweisgrenze. Die Rußemissionen nach Partikelfilter sind im gesamten untersuchten Bereich an der Nachweisgrenze. Die
NO_x-Emissionen sind im unterstöchiometrischen Bereich an der Nachweisgrenze, beginnen
kurz vor dem Übergang in den überstöchiometrischen Bereich anzusteigen und erreichen im
überstöchiometrischen Bereich das Niveau der Rohemissionen. Der Verlauf der O_2-Emissionen
verhält sich ähnlich zu dem Verlauf der NO_x-Emissionen, bleibt aber wie bei den CO-Emissionen
für den gesamten untersuchten Bereich unterhalb der Rohemissionen.

Im dritten Diagramm sind die Emissionen nach Drei-Wege-Katalysator dargestellt. Wie bereits
im Diagramm davor, ist nur ein Teil der O_2-Emissionen dargestellt. Der maximale Wert beträgt
hier 71 g/kWh bei $\lambda = 1,10$. Zu Vergleichszwecken sind zusätzlich die Emissionen nach Oxidationskatalysator als gestrichelte Linien eingezeichnet. Nach Drei-Wege-Katalysator ist das
Verhalten der Emissionen ähnlich den Emissionen nach Oxidationskatalysator. Der deutliche
Unterschied besteht darin, dass die CO- und NO_x-Emissionen bei einem Luftverhältnis von
$\lambda = 0,997$ gleichzeitig an der Nachweisgrenze sind. In **Abbildung 6.3 auf der nächsten Seite**
wird dies verdeutlicht. Hier ist für eine bessere Übersichtlichkeit der entscheidende Bereich um
$\lambda = 1$ als Vergrößerung dargestellt. Es sind ebenfalls die Emissionen an den Messstellen nach
Oxidationskatalysator und nach Drei-Wege-Katalysator eingezeichnet.

Nachdem die Ergebnisse vorgestellt wurden, werden sie im Folgenden diskutiert. Das Abfallen
der CO- und Ruß-Rohemissionen in Abbildung 6.2 in Richtung steigender Luftverhältniswerte
kann mit der Erhöhung des zur Verfügung stehenden Sauerstoffes für die Verbrennung und
für die Nachoxidation in der Expansionsphase begründet werden (siehe auch Abschnitt 2.3.2
ab Seite 10 und Abschnitt 2.3.3 ab Seite 10). Bei größeren Luftverhältnissen stehen bei der
Verbrennung mehr Sauerstoffmoleküle für die Kraftstoffmoleküle zur Verfügung und somit

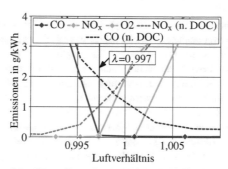

Abbildung 6.3: Vergrößerte Darstellung der Abbildung 6.2 auf der vorherigen Seite, Einfluss des Luftverhältnisses auf die Emissionen, n = 2000 1/min, Md = 200 Nm, Abgastemperatur $_{n. Turbine}$ > 600 °C, Messstelle: nach Oxidationskatalysator/ nach Drei-Wege-Katalysator

werden die unterstöchiometrischen Bereiche, die eine verstärkte Schadstoffbildung hervorrufen, verringert. Im Gegensatz dazu verbessert der Anstieg des Sauerstoffgehaltes die Bildungsmechanismen der Stickoxide, folglich steigen diese Emissionen an (siehe auch Abschnitt 2.3.4 ab Seite 11). Im Oxidationskatalysator werden die CO-Rohemissionen im gesamten untersuchten Bereich mit unterschiedlichen Konvertierungsraten reduziert. Im überstöchiometrischen Bereich findet aufgrund des im Überfluss vorhandenen Sauerstoffs im Abgas eine nahezu vollständige Konvertierung mit Hilfe der Edelmetalle Palladium und Platin statt. Mit sinkenden Luftverhältniswerten sinkt auch der O_2-Gehalt im Abgas und ab einem Luftverhältnis von etwa $\lambda = 1,005$ (aus Abbildung 6.3 ermittelt) ist der Punkt erreicht, bei dem erstmalig weniger Sauerstoff zur Oxidation der CO-Emissionen zur Verfügung steht als benötigt wird. Ab diesem Punkt beginnen die CO-Emissionen zu steigen, bleiben aber trotz der Abwesenheit von Sauerstoff unterhalb der Rohemissionen. In diesem Bereich werden die CO-Emissionen mit Hilfe der Stickoxide in geringem Maße konvertiert.

Wie bereits in Abschnitt 2.3.7 ab Seite 18 beschrieben, werden auch im Oxidationskatalysator unter bestimmten Bedingungen die Stickoxide konvertiert. Im überstöchiometrischen Bereich ist dieser Sachverhalt noch nicht zu erkennen, weil in diesem Bereich keine Reduktion der Stickoxide seitens des Kohlenmonoxids, des Wasserstoffes und der Kohlenwasserstoffe stattfindet. Der benötigte Sauerstoff zur Oxidation für die CO-, H_2- und HC-Emissionen steht in ausreichendem Maße im Abgas zur Verfügung. Erst ab etwa $\lambda = 1,02$ (aus Abbildung 6.2 auf der vorherigen Seite ermittelt) beginnt die Umsetzung der NO_x-Emissionen im Oxidationskatalysator, da das Kohlenmonoxid, der Wasserstoff und die Kohlenwasserstoffe nicht mehr ausreichend Sauerstoff im Abgas zur Verfügung haben und deshalb für ihre Oxidation die Stickoxide reduzieren. Die hohen Rußrohemissionen können vom Partikelfilter mit einer nahezu 100-prozentigen Abscheiderate aus dem Abgas entfernt werden. Als Nachteil ist eine verstärkte Partikelfilterbeladung zu verzeichnen.

Der Einfluss des Rhodiums und des Ceroxids wird an den Emissionen nach Drei-Wege-Katalysator deutlich. Bereits bei Ottomotoren wurde ein Anstieg der Konvertierungsrate der NO_x-

Emissionen bei Erhöhung der Rhodiumbeladung des Drei-Wege-Katalysators beobachtet [177].
Im Vergleich zum hier verwendeten Oxidationskatalysator ist der verwendete Drei-Wege-Katalysator zusätzlich mit Rhodium und Ceroxid ausgestattet, welches die Konvertierung der
Schadstoffe zusätzlich unterstützt und darüber hinaus eine größere Gesamtmenge an Edelmetall
und ein größeres katalytisch wirksames Volumen besitzt (siehe auch Tabelle A.2 auf Seite 136).
Aufgrund dessen können höhere Konvertierungsraten um $\lambda = 1$ erreicht werden und die NO_x- und
CO-Emissionen sind bei einem Luftverhältnis von $\lambda = 0{,}997$ gleichzeitig an der Nachweisgrenze.
Folglich wird mit einem dem Oxidationskatalysator nachgeschalteten Drei-Wege-Katalysator bei
$\lambda = 0{,}997$ eine nahezu 100-prozentige Konvertierungsrate für die beiden Schadstoffe erreicht.
Abbildung 6.4 verdeutlicht diesen Sachverhalt und zeigt die Konvertierungsraten des Oxidations-
und Drei-Wege-Katalysators als Produkt der einzelnen Konvertierungsraten der Schadstoffe CO
und NO_x. **Gleichung** (6.2) verdeutlicht die Berechnung, **Gleichung** (6.3) und **Gleichung** (6.4)
zeigen eine Beispielrechnung für die Konvertierungsrate des Oxidations- und des Drei-Wege-Katalysators.

$$\text{Konvertierungsrate}_{(\lambda)} = \text{Konvertierungsrate}_{CO} \cdot \text{Konvertierungsrate}_{NO_x} \qquad (6.2)$$

$$\text{Konvertierungsrate n. DOC}_{(\lambda\,=\,0{,}995)} = 0{,}941 \cdot 0{,}919 = \underline{0{,}865} = \underline{86{,}5\,\%} \qquad (6.3)$$

$$\text{Konvertierungsrate n. 3WC}_{(\lambda\,=\,0{,}997)} = 0{,}999 \cdot 0{,}994 = \underline{0{,}993} = \underline{99{,}3\,\%} \qquad (6.4)$$

Auf eine Darstellung der Konvertierungsraten der HC-Emissionen wird verzichtet, da Abbildung 6.2 auf Seite 54 gezeigt hat, dass die HC-Rohemissionen bereits sehr gering sind. Ebenfalls
wird auf die Darstellung der Abscheiderate des Partikelfilters verzichtet, da der Partikelfilter unabhängig vom Luftverhältnis eine nahezu 100-prozentige Abscheidung aufweist (siehe ebenfalls
Abbildung 6.2 auf Seite 54).

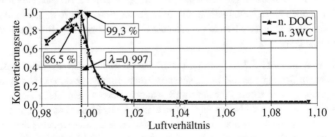

Abbildung 6.4: Konvertierungsrate der Abgasnachbehandlung (Oxidations- + Drei-Wege-
Katalysator) als Produkt der Konvertierungsraten von NO_x und CO in Abhängigkeit vom Luftverhältnis, n = 2000 1/min, Md = 200 Nm

Der Oxidationskatalysator besitzt bei einem Luftverhältnis von etwa $\lambda = 0{,}995$ mit 86,5 % die
höchste Konvertierungsrate für beide Schadstoffe. Wird der Drei-Wege-Katalysator dem Oxidationskatalysator nachgeschaltet, weist das nun entstandene Abgasnachbehandlungssystem bei
einem Luftverhältnis von $\lambda = 0{,}997$ eine Konvertierungsrate von über 99 % für beide Schadstoffe
auf. Wird der Drei-Wege-Katalysator unabhängig vom Oxidationskatalysator betrachtet, hat
dieser eine Konvertierungsrate von 94 % (hier nicht dargestellt). In dieser Darstellung wird die

starke Sensibilität der Konvertierungsrate auf das Luftverhältnis deutlich. Bereits eine geringe Abweichung vom optimalen Luftverhältnis in Richtung unter- oder überstöchiometrisch bewirkt eine Verringerung der Konvertierungsrate. Die Verringerung ist in Richtung überstöchiometrische Luftverhältniswerte größer. Ab einem Luftverhältnis von $\lambda = 1,02$ liegt die Konvertierungsrate unter 10 %, während sie sich im unterstöchiometrischen Bereich bei einem Luftverhältnis von etwa $\lambda = 0,98$ bei über 60 % befindet. Untersuchungen in anderen Betriebspunkten zeigen ähnliche Ergebnisse. $\lambda = 0,997$ an der Messstelle nach Drei-Wege-Katalysator kann in allen Betriebspunkten als das Luftverhältnis mit den höchsten Konvertierungsraten der verwendeten Abgasnachbehandlung ermittelt werden.

Mit dieser Erkenntnis wird für die Lambda-Regelung des externen Motorregelungssystems ein stationäres Soll-Lambda-Kennfeld erstellt, so dass im gesamten stöchiometrischen Kennfeldbereich die Abgasnachbehandlung mit optimalen Konvertierungsraten betrieben wird. Das Soll-Lambda wird dabei für die Messstelle vor Oxidationskatalysator – mit der Lambdasonde gemessen – vorgegeben. Bei Durchführung der Versuche hat sich gezeigt, dass die Sonden im Vergleich zur Abgasmessanlage eine feststehende Abweichung der Messwerte in Richtung überstöchiometrisch von 0,004 aufweisen. Ebenfalls zeigen Stichversuche, dass zur Einstellung des geforderten optimalen Lambdas das Soll-Lambda betriebspunktsabhängig variiert und somit für jeden Betriebspunkt einzeln ermittelt und eingestellt werden muss. Das sich daraus ergebene Soll-Lambda-Kennfeld ist in **Abbildung A.5 auf Seite 147** im Anhang dargestellt.

Abbildung 6.5 auf der nächsten Seite zeigt die Ergebnisse einer Kennfeldvermessung des Versuchsmotors mit stöchiometrischem Betrieb. Es sind das Luftverhältnis (**6.5a**) und die Emissionen der Schadstoffe NO_x (**6.5b**), CO (**6.5c**) und HC (**6.5d**) an der Messstelle nach Drei-Wege-Katalysator dargestellt. Wie oben beschrieben wird der stöchiometrische Betrieb ab 150 Nm im Bereich von 1000 bis 3500 1/min angewendet, Abbildung 6.5a auf der nächsten Seite verdeutlicht diesen Sachverhalt. In diesem Bereich wird die AGR-Rate auf maximal 5 % begrenzt. Im übrigen Bereich wird der Motor konventionell überstöchiometrisch mit AGR betrieben. Die verwendeten AGR-Raten wurden aus dem Kennfeld des Seriensteuergerätes entnommen und entsprechen einer Applikation auf die Schadstoffnorm Euro 5. Die eingestellten AGR-Raten sind im Anhang **Abbildung A.6 auf Seite 147** zu finden.

Abbildung 6.5b auf der nächsten Seite zeigt, dass die NO_x-Emissionen bis zu einer Drehzahl von etwa 2000 1/min und im gesamten stöchiometrischen Betriebsbereich unterhalb von 1 g/kWh liegen. Zusammen mit der Drehzahl und der Last steigen sie im konventionellen überstöchiometrischen Betriebsbereich trotz des Einsatzes von AGR signifikant an. In Abbildung 6.5c auf der nächsten Seite sind die CO-Emissionen im gesamten Kennfeld auf einem niedrigen Niveau (unterhalb von einem Wert von 1 g/kWh, Grenzwert WHSC = 1,5 g/kWh / WHTC = 4,0 g/kWh), zeigen aber im stöchiometrischen Betriebsbereich geringfügig erhöhte Werte an. In Abbildung 6.5d auf der nächsten Seite verharren die HC-Emissionen ebenfalls auf einem niedrigen Niveau und zeigen in Richtung Leerlauf einen geringfügigen Anstieg.

Nachdem das stöchiometrische Brennverfahren erfolgreich auf den Versuchsmotor übertragen werden konnte und im stationären Betrieb hohe Konvertierungsraten des Abgasnachbehandlungssystems erreicht wurden, werden im Hinblick auf den instationären Betrieb bei den folgenden Untersuchungen weitere Einflüsse auf die Konvertierungsleistung der Abgasnachbehandlung

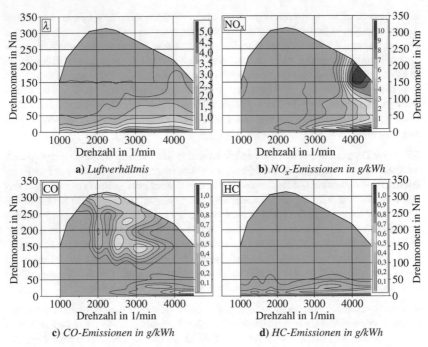

a) *Luftverhältnis*

b) *NO_x-Emissionen in g/kWh*

c) *CO-Emissionen in g/kWh*

d) *HC-Emissionen in g/kWh*

Abbildung 6.5: Ergebnisse einer Kennfeldvermessung des Versuchsmotors, Messstelle nach Drei-Wege-Katalysator

ermittelt. Vom Ottomotor ist eine zyklische Zwangsanregung des Luftverhältnisses bekannt, die mit Hilfe der Sauerstoffspeicherfunktion des Ceroxids einen positiven Einfluss auf die Konvertierungsleistung des Drei-Wege-Katalysators hat. Im nächsten Abschnitt wird diese Zwangsanregung am stöchiometrisch betriebenen Dieselmotor untersucht. Als weiterer Einfluss auf die Konvertierungsleistung bietet der Dieselmotor die Nutzung von Abgasrückführung. Auf diese Möglichkeit wird im darauf folgenden Abschnitt näher eingegangen.

6.2.1 Einfluss einer zyklischen Zwangsanregung

In Abschnitt 2.3.7 ab Seite 19 wurde die Wirkung einer zyklischen Veränderung des Luftverhältnisses und deren Einfluss auf die Konvertierungsrate und Breite des Konvertierungsfensters des Drei-Wege-Katalysators bei Ottomotoren vorgestellt. Da in dieser Arbeit auch im instationären Betrieb unter bestimmten Bedingungen das optimale Luftverhältnis nicht zu jedem Zeitpunkt eingehalten werden kann, wird im Folgenden die Übertragbarkeit der Zwangsanregung auf den stöchiometrisch betriebenen Dieselmotor untersucht und auf diese Weise die Konvertierungsrate des Abgasnachbehandlungssystems bei Abweichungen vom optimalen Luftverhältnis erhöht.

Für die Untersuchung des Einflusses einer Zwangsanregung wird das externe Motorregelungssystem des Versuchsmotors erweitert. Im stöchiometrischen Betrieb kann nun das Soll-Luftverhältnis sinusförmig mit einer vorgegebenen Amplitude und Frequenz angeregt werden. Wie oben beschrieben befindet sich die Regelsonde vor Oxidationskatalysator. Die Vorgehensweise bei der Versuchsdurchführung gleicht dem vorausgegangenen Versuch, zusätzlich wird das Luftverhältnis mit einer sinusförmigen Zwangsanregung versehen. Zur Veranschaulichung der Zwangsanregung und Darstellung der Wirkung zeigt **Abbildung 6.6** die Luftverhältnisse als Sollwert des externen Motorregelungssystems und als Messwerte der Lambdasonde vor Oxidationskatalysator und der Lambdasonde nach Drei-Wege-Katalysator. Es wurden zwei verschiedene Betriebspunkte und zwei verschiedene Frequenzen zur Verdeutlichung des Verhaltens der Abgasstrecke bei einer Zwangsanregung ausgewählt. Zusätzlich sind die Emissionen der Schadstoffe von CO und NO_x nach Drei-Wege-Katalysator eingezeichnet.

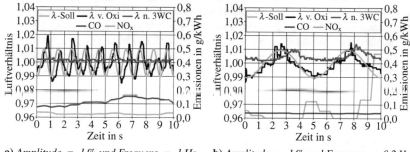

a) *Amplitude = 1 % und Frequenz = 1 Hz,*
n = 2000 1/min und Md = 200 Nm,

b) *Amplitude = 1 % und Frequenz = 0,2 Hz,*
n = 2750 1/min und Md = 200 Nm,

Abbildung 6.6: Luftverhältnis als Sollwert, Messwert vor Oxidationskatalysator (Regel-Lambdasonde) und Messwert nach Drei-Wege-Katalysator (Mess-Lambdasonde) bei einer Zwangsanregung, Emissionen nach Drei-Wege-Katalysator

Wie oben beschrieben, weisen die Sonden im Vergleich zur Abgasmessanlage eine feststehende Abweichung der Messwerte in Richtung überstöchiometrische Luftverhältnisse auf. Die dargestellten Versuche zeigen die mit der Abgasmessanlage ermittelte Einstellung des Luftverhältnisses auf $\lambda = 0,997$ an der Messstelle nach Drei-Wege-Katalysator. Die Sonde nach Drei-Wege-Katalysator zeigt im Vergleich dazu $\lambda = 1,001$ an. **Abbildung 6.6a** zeigt die Luftverhältnisse bei der Zwangsanregung mit einer Amplitude von 1 % und einer Frequenz von 1 Hz bei n = 2000 1/min und Md = 200 Nm. Die Werte der Lambdasonde vor Oxidationskatalysator folgen mit einer geringen Phasenverschiebung dem Sollwert des Motorregelungssystem. Die Frequenz und Amplitude entspricht etwa dem Sollwert, wobei die Amplitude geringe Schwankungen aufzeigt. Die Werte der Lambdasonde nach Drei-Wege-Katalysator verharren auf einem konstanten Wert. Die Emissionen von CO und NO_x befinden sich auf einem geringen Niveau.

Die Phasenverschiebung der Werte der Lambdasonde vor Oxidationskatalysator resultiert aus der Totzeit der Abgasanlage. Die Totzeit ist die Zeit, die die Gassäule benötigt, um die Strecke vom Brennraum bis zur Messstelle vor Oxidationskatalysator zurückzulegen. Das Ausbleiben der zyklischen Schwankung an der Messstelle nach Drei-Wege-Katalysator resultiert aus der Sauer-

stoffspeicherfähigkeit des Drei-Wege-Katalysators, die die über- und unterstöchiometrischen
Schwankungen ausgleicht (siehe auch Abschnitt 2.3.7 ab Seite 19). In den überstöchiometrischen
Phasen wird der überschüssige Sauerstoff eingespeichert und in den unterstöchiometrischen Phasen wieder abgegeben, so dass infolge der Speicherfunktion das Luftverhältnis nach Drei-Wege-
Katalysator einen konstanten Wert zeigt. Eine optimale Konvertierung der Emissionen von CO
und NO_x ist jederzeit gewährleistet und ein kurzzeitiger Anstieg von CO- oder NO_x-Emissionen
nach Drei-Wege-Katalysator infolge der temporären unter- oder überstöchiometrischen Phasen
wird verhindert.

Die Kapazität des Sauerstoffspeichers wird jedoch unter bestimmten Bedingungen überschritten.
Eine derartige Überschreitung ist in **Abbildung 6.6b auf der vorherigen Seite** beispielhaft
dargestellt. Im Vergleich zu Abbildung 6.6a auf der vorherigen Seite bleibt die Amplitude bei
1 % unverändert und die Frequenz wird auf 0,2 Hz verringert. Zusätzlich wird die Drehzahl
auf n = 2750 1/min erhöht. Die Last bleibt konstant bei Md = 200 Nm. Die Werte der Sonde
vor Oxidationskatalysator folgen mit einer sehr geringen Phasenverschiebung dem Sollwert.
Amplitude und Frequenz entsprechen wieder dem Sollwert. Die Werte der Lambdasonde nach
Drei-Wege-Katalysator zeigen im Vergleich zu der vorhergehenden Messung mit einer Phasenverschiebung die überstöchiometrischen Phasen des Sollwertes an. Die CO-Emissionen verharren
auf einem geringen Niveau. Die NO_x-Emissionen zeigen jedoch in regelmäßigen Abständen kurz
nach dem Anzeigen des überstöchiometrischen Luftverhältnisses durch die Lambdasonde einen
kurzzeitigen Anstieg. Infolge der kleineren Frequenz sind die unter- und überstöchiometrischen
Phasen zeitlich deutlich länger und die gesteigerte Drehzahl erhöht zusätzlich den Abgasmassenstrom. Die Gassäule ist somit schneller und führt zu einer kleineren Totzeit der Werte der
Sonde vor Oxidationskatalysator. An den Werten der Sonde nach Drei-Wege-Katalysator ist
zu erkennen, dass der Sauerstoff aus den überstöchiometrischen Phasen nicht mehr vollständig
eingespeichert und somit das optimale Luftverhältnis nach Drei-Wege-Katalysator nicht mehr
eingehalten werden kann. Infolge des kurzzeitigen Sauerstoffüberschusses im Drei-Wege-Katalysator wird die NO_x-Konvertierung verringert und führt infolge dessen zum kurzzeitigen
Anstieg der NO_x-Emissionen. Eine ähnliche Wirkung würde eine zu groß gewählte Amplitude
haben (hier nicht dargestellt). Sie führt aufgrund zu großer Abweichungen in den über- und
unterstöchiometrischen Bereich ebenfalls zu einer Sättigung bzw. vollständigen Entleerung
des Sauerstoffspeichers und damit zu einer Verringerung der Konvertierung des jeweiligen
Schadstoffes mit einem entsprechenden Anstieg der Emissionen.

Nachdem das allgemeine Verhalten der Zwangsanregung gezeigt wurde, wird nun auf die
durchgeführten Versuche und die Ergebnisse eingegangen. Zur Durchführung der Versuchsreihe
wird der Versuchsmotor in dem Betriebspunkt bei einer Drehzahl von n = 2000 1/min und einer
Last von Md = 200 Nm betrieben und das Luftverhältnis zwischen $\lambda = 0,985$ und $\lambda = 1,100$
variiert. Das Luftverhältnis wird mit Hilfe der Abgasmessanlage bestimmt und die Ergebnisse
darüber aufgetragen. Die zusätzlichen Verstellparameter sind die Amplitude und die Frequenz
der Zwangsanregung. **Tabelle 6.1 auf der nächsten Seite** zeigt die untersuchten Amplituden
und Frequenzen. **Abbildung 6.7 auf der nächsten Seite** zeigt die Ergebnisse der Versuchsreihe.
Wie zuvor in Abbildung 6.4 auf Seite 56 sind die einzelnen Konvertierungsraten der CO- und
NO_x-Emissionen als Produkt dargestellt. Da Abbildung 6.4 auf Seite 56 gezeigt hat, dass bereits
bei geringen Abweichungen vom optimalen Luftverhältnis die Konvertierungsrate deutlich sinkt

Tabelle 6.1: Untersuchte Amplituden und Frequenzen der Zwangsanregung

Soll-Amplitude in %	0	0,3	0,6	0,9
Ist-Amplitude in %	0	0,4	0,5	1,5
Frequenz in Hz	0	0,3	0,6	0,9

und z. B. im überstöchiometrischen Bereich bei $\lambda = 1,01$ bereits unter 20 % fällt, wird dieser Bereich bei der Darstellung der Ergebnisse für beide Versuchsreihen ausgespart und für eine verbesserte Ansicht nur der relevante Bereich des Luftverhältnisses von $\lambda = 0,99$ bis $\lambda = 1,01$ dargestellt.

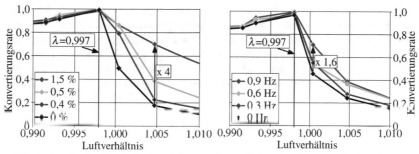

a) *Variation der Amplitude der Lambdaregelung, Frequenz = 0,3 Hz*

b) *Variation der Frequenz der Lambdaregelung, Amplitude = 0,5 %*

Abbildung 6.7: Konvertierung als Produkt der Konvertierungsraten von NO_x und CO durch das Abgasnachbehandlungssystem (Oxidations- + Drei-Wege-Katalysator) in Abhängigkeit vom Luftverhältnis bei einer sinusförmigen Zwangsanregung, n = 2000 1/min, Md = 200 Nm

Abbildung 6.7a zeigt die Konvertierung des Abgasnachbehandlungssystems bei einer konstanten Frequenz von 0,3 Hz und variierten Amplituden. Im unterstöchiometrischen Bereich hat eine Vergrößerung der Amplitude nur einen vergleichsweise geringen Einfluss auf die Konvertierung, es ist aber eine Steigerung erkennbar. Die maximale Konvertierung bleibt nahezu unverändert und liegt weiterhin bei $\lambda = 0,997$. Im überstöchiometrischen Bereich bewirkt der Anstieg der Amplitude eine bis zum Faktor vier – von 17,5 % auf 70 % bei $\lambda = 1,005$ – gesteigerte Konvertierung.

In **Abbildung 6.7b** ist die Konvertierung bei einer konstanten Amplitude von 0,5 % und variierten Frequenzen dargestellt. Die Ergebnisse sind den Vorigen ähnlich. Im unterstöchiometrischen Bereich hat eine Vergrößerung der Frequenz nur einen geringen Einfluss auf die Konvertierung, es ist aber trotzdem eine Steigerung erkennbar. Die maximale Konvertierung zeigt eine geringfügige Steigerung infolge der Erhöhung der Frequenz, sie liegt weiterhin bei $\lambda = 0,997$. Im überstöchiometrischen Bereich ist die Konvertierungssteigerung am signifikantesten ausgeprägt. Ein Ansteigen der Frequenz bewirkt dort eine bis zum Faktor 1,6 – von 46 % auf 71 % bei $\lambda = 1,000$ – gesteigerte Konvertierung. Zusammenfassend gesehen hat die Frequenz im Vergleich zur Amplitude einen kleineren Einfluss auf die Konvertierungsleistung.

Die Ergebnisse zeigen, dass vergleichbar mit dem Ottomotor (siehe auch in Abschnitt 2.3.7 ab Seite 19) mit Hilfe einer Zwangsanregung an einem stöchiometrisch betriebenen Dieselmotor eine Erweiterung des Konvertierungsfensters des Drei-Wege-Katalysators bewirkt werden kann. Infolge der Zwangsanregung werden Abweichungen vom optimalen Luftverhältnis, wie sie z. B. bei einer Betriebspunktänderung auftreten können, teilweise kompensiert und der Anstieg der Emissionen somit verhindert bzw. verringert. Im Hinblick auf den instationären Betrieb bedeutet dies einen Vorteil für die Emissionsergebnisse. Im nächsten Abschnitt wird der Einfluss von Abgasrückführung auf die Konvertierungsleistung untersucht.

6.2.2 Einfluss der Abgasrückführung

Zur Durchführung der Versuche wird den vorangegangenen Versuchen entsprechend vorgegangen.[2] Zusätzlich werden drei verschiedene AGR-Raten (0 %, 6,5 % und 10 %) eingestellt. Die Schrittweite für das Luftverhältnis ist im Gegensatz zu den vorher beschriebenen Versuchen kleiner gewählt worden. **Abbildung 6.8** zeigt die Ergebnisse des Versuches. Die eingestellte AGR-Rate ist jeweils an der Linienart (durchgezogen, gestrichelt oder gepunktet) zu erkennen. In

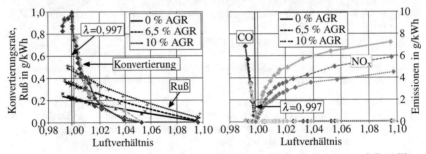

a) *Konvertierung der Abgasnachbehandlung   b) CO- und NO$_x$-Emissionen nach Drei-Wege-und Rußrohemissionen   Katalysator*

Abbildung 6.8: Einfluss von Abgasrückführung in Abhängigkeit vom Luftverhältnis auf die Emissionen, n = 2000 1/min, Md = 200 Nm

Abbildung 6.8a sind die Konvertierung – wiederum als Produkt der einzelnen Konvertierungsraten der CO- und NO$_x$-Emissionen – sowie die Rußrohemissionen dargestellt. Aufgrund der großen Streuung der Werte der Rußemissionen ist anstatt einer Verbindung der Messpunkte eine Ausgleichsspline gewählt worden. Die Konvertierungsraten zeigen einen ähnlichen Verlauf wie in Abbildung 6.4 auf Seite 56 und alle drei Kurven liegen annähernd übereinander. Das Maximum der Konvertierung liegt weiterhin bei $\lambda = 0,997$. Die Steigung der Rußrohemissionen nimmt mit steigender AGR-Rate zu. Bei $\lambda = 0,997$ sind die Rußrohemissionen bei einer AGR-Rate von 10 % im Vergleich mit 0 % AGR um mehr als 100 % erhöht.

In **Abbildung 6.8b** sind die Emissionen von CO und NO$_x$ an der Messstelle nach Drei-Wege-Katalysator für die einzelnen AGR-Raten dargestellt. Der Verlauf der Kurven ähnelt dem in

---
2   Die Messdaten für diese Versuche wurden in Zusammenarbeit mit dem am Projekt beteiligten Studenten Herrn
    Ramp erstellt und auch in seiner Arbeit verwendet [138]. Der Autor bedankt sich für seine Unterstützung.

Abbildung 6.2 auf Seite 54 und wie dort bereits gezeigt, steigen die CO-Emissionen in Richtung unterstöchiometrische Luftverhältniswerte an und umgekehrt zeigen die NO_x-Emissionen mit größer werdenden Luftverhältnissen einen Anstieg. Die CO-Emissionen zeigen keinen Unterschied aufgrund der veränderten AGR-Rate an, dagegen zeigen die NO_x-Emissionen bei Erhöhung der AGR-Rate eine kleinere Steigung der jeweiligen Kurve.

Aus den Ergebnissen wird deutlich, dass die AGR-Rate keinen Einfluss auf die Konvertierung des Abgasnachbehandlungssystem hat. Die Verringerung der NO_x-Emissionen an der Messstelle nach Drei-Wege-Katalysator ist auf die Verringerung der NO_x-Rohemissionen zurückzuführen (siehe auch Abschnitt 2.3.6 ab Seite 14). Die NO_x-Konvertierung bleibt unverändert. Die Rußrohemissionen, die infolge des stöchiometrischen Betriebs signifikant erhöht sind, werden dagegen angesichts des Einsatzes von AGR nochmals deutlich erhöht. Dies hat eine verstärkte Beladung des Partikelfilters zur Folge, die die Regenerationshäufigkeit erhöht.

Die Ergebnisse zeigen, dass AGR in Verbindung mit dem stöchiometrischen Betrieb nicht zielführend ist. Wie zu erwarten verbessert die Nutzung von AGR die Konvertierungsrate der Abgasnachbehandlung nicht. Für den instationären Betrieb, bei dem es aufgrund der Betriebspunktänderungen zu Abweichungen vom optimalen Luftverhältnis kommen kann, ergeben sich lediglich im Hinblick auf die Verringerung der NO_x-Rohemissionen geringe Vorteile, die jedoch einem deutlichen Anstieg der Rußrohemissionen gegenüberstehen. Aus den genannten Gründen wird in dieser Arbeit die Möglichkeit der Nutzung von AGR im stöchiometrischen Betrieb (wie in der Literatur vorgestellt, siehe Abschnitt 3.1 ab Seite 31) nicht weiter verfolgt. Den Abschluss der Untersuchungen des Einflusses des Luftverhältnisses auf die Emissionen bildet die Analyse der NH_3-Emissionen im nächsten Abschnitt.

6.2.3 Ammoniakemissionen infolge des stöchiometrischen Betriebs

In Abschnitt 2.3.5 ab Seite 13 wurde die NH_3-Bildung in einem Drei-Wege-Katalysator von einem stöchiometrisch betriebenen Ottomotor vorgestellt. Ein Dieselmotor mit konventionellem überstöchiometrischen Betrieb wies nahezu keine NH_3-Emissionen auf. Da bei dem in dieser Arbeit vorgestellten Brennverfahren ähnliche Rahmenbedingungen wie beim Ottobrennverfahren vorliegen und ebenfalls ein Drei-Wege-Katalysator verwendet wird, werden in diesem Abschnitt die NH_3-Emissionen des Versuchsmotors analysiert. Die Vorgehensweise ist von den vorausgegangenen Versuchen übernommen. Zur Verringerung der Einflussparameter wird für diesen Versuch die Zwangsanregung deaktiviert. **Abbildung 6.9 auf der nächsten Seite** zeigt die NH_3-Emissionen in Abhängigkeit vom Luftverhältnis an den Messstellen Rohemissionen, nach Oxidationskatalysator und nach Drei-Wege-Katalysator in dem Betriebspunkt n = 2000 1/min und Md = 200 Nm. Die Kurven zeigen die Mittelwerte aus jeweils drei einzelnen Messungen. In **Abbildung 6.9a auf der nächsten Seite** sind die NH_3-Emissionen in ppm und in **Abbildung 6.9b auf der nächsten Seite** in g/kWh dargestellt. Die Darstellung in ppm wurde gewählt, da der Grenzwert für die NH_3-Emissionen für den WHSC- und WHTC-Prüfzyklus in ppm angegeben wird. Der Grenzwert für EU VI von zehn ppm ist im Diagramm eingezeichnet. Die weiteren Prüfzyklen, die in dieser Arbeit noch untersucht werden, haben keinen Grenzwert für die NH_3-Emissionen. Für alle untersuchten Luftverhältnisse treten keine NH_3-Emissionen an der

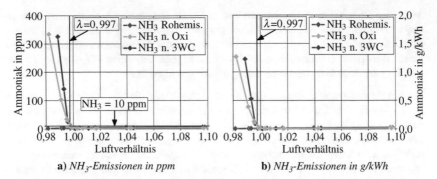

a) *NH$_3$-Emissionen in ppm*   **b)** *NH$_3$-Emissionen in g/kWh*

Abbildung 6.9: NH$_3$-Emissionen in Abhängigkeit vom Luftverhältnis, Messstellen: Rohemissionen, nach Oxidations- und nach Drei-Wege-Katalysator, Grenzwert
NH$_3$-Emissionen für EU VI im WHSC- und WHTC-Prüfzyklus = 10 ppm,
n = 2000 1/min, Md = 200 Nm

Messstelle Rohemissionen auf. Nach Oxidations- und Drei-Wege-Katalysator steigen dagegen
die NH$_3$-Emissionen unterhalb eines Luftverhältnisses von etwa $\lambda = 0,998$ stetig an. Verglichen
mit der Messstelle nach Oxidationskatalysator sind die NH$_3$-Emissionen nach Drei-Wege-Katalysator, abhängig vom Luftverhältnis, etwa eineinhalb bis zweimal so hoch.

Die in Abschnitt 2.3.5 ab Seite 13 dargestellten Erkenntnisse können demnach auch für den
stöchiometrisch betriebenen Dieselmotor bestätigt werden. Ähnlich wie beim Ottobrennverfahren
wird im unterstöchiometrischen Bereich im Oxidations- und Drei-Wege-Katalysator Ammoniak
gebildet. Da die Emissionen nach dem Drei-Wege-Katalysator etwa doppelt so hoch wie nach
dem Oxidationskatalysator sind, wird in beiden Katalysatoren Ammoniak gebildet und es
summiert sich dadurch am Ende der Abgasnachbehandlung auf. Die Menge des gebildeten
Ammoniaks ist dabei abhängig vom Luftverhältnis. Bei dem optimalen Luftverhältnis von
$\lambda = 0,997$ betragen die NH$_3$-Emissionen nach Drei-Wege-Katalysator etwa 18 ppm.

Im Folgenden wird der Einfluss der Amplitude und der Frequenz der Zwangsanregung und
der Abgasrückführrate auf die NH$_3$-Emissionen ermittelt. Die Versuchsdurchführung entspricht
wiederum den vorherigen Versuchen. **Abbildung 6.10 auf der nächsten Seite** zeigt die Ergebnisse der Untersuchungen. Da ab einem Luftverhältnis von $\lambda = 1,01$ die NH$_3$-Emissionen an
der Nachweisgrenze verharren, wird zur Verbesserung der Übersichtlichkeit in den drei folgenden Diagrammen anstelle der gesamten Messung nur ein Ausschnitt um $\lambda = 1,0$ dargestellt.
Abbildung 6.10a auf der nächsten Seite zeigt die NH$_3$-Emissionen an der Messstelle nach
Drei-Wege-Katalysator in Abhängigkeit von den untersuchten Amplituden der Zwangsanregung.
Es ist ein Anstieg der NH$_3$-Emissionen zu größer werdenden Amplituden zu erkennen.

In **Abbildung 6.10b auf der nächsten Seite** sind die Ergebnisse für die untersuchten Frequenzen
dargestellt. Eine Abhängigkeit von der Zwangsanregung ist zu erkennen, die Höhe der Frequenz
zeigt jedoch keinen eindeutigen Einfluss. Der Anstieg der Emissionen beginnt ebenfalls bereits
bei größeren Luftverhältnissen. Der Anstieg der NH$_3$-Emissionen bei Erhöhung der Amplitude
ist auf die Veränderung des Luftverhältnisses zurückzuführen. Eine Erhöhung der Amplitude

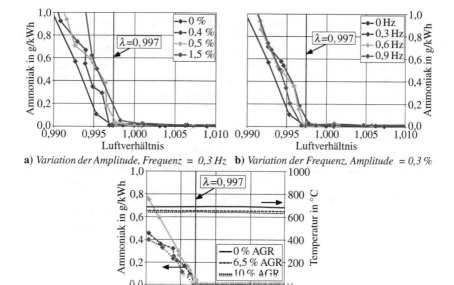

a) *Variation der Amplitude, Frequenz = 0,3 Hz* b) *Variation der Frequenz, Amplitude = 0,3 %*

c) *Variation der Abgasrückführrate, Amplitude = 1 %, Frequenz = 1 Hz, zusätzlich Darstellung der Temperatur nach Oxidationskatalysator*

Abbildung 6.10: NH$_3$-Emissionen nach Drei-Wege-Katalysator in Abhängigkeit vom Luftverhaltnis bei Veranderung der Amplitude und Frequenz der Zwangsanregung und bei verschiedenen AGR-Raten, n = 2000 1/min, Md = 200 Nm

führt dazu, dass das Luftverhältnis zeitweise kleiner wird (weiter in den unterstöchiometrischen Bereich sinkt) und infolge dessen die NH$_3$-Bildung hervorgerufen bzw. verstärkt wird. Die Erhöhung der Frequenz hat nur bei der Änderung von 0 Hz auf 0,3 Hz einen Einfluss auf das Luftverhältnis. Infolge der zyklischen Änderung befindet sich das Luftverhältnis zeitweise im unterstöchiometrischen Bereich, in dem eine NH$_3$-Bildung hervorgerufen bzw. verstärkt wird. Die weitere Erhöhung der Frequenz hat keinen Einfluss auf das Luftverhältnis. Es ändert sich ausschließlich die Zeit im unterstöchiometrischen Bereich, die mit einer gleich langen Zeit im überstöchiometrischen Bereich wieder ausgeglichen wird. Aus diesem Grund ist kein eindeutiger Anstieg der Emissionen mit Anstieg der Frequenz festzustellen. Die erkennbaren Unterschiede sind wahrscheinlich auf Messungenauigkeiten zurückzuführen. Zusammenfassend gesehen beeinflusst demnach bei einer Zwangsanregung des Luftverhältnisses die Amplitude maßgeblich die Höhe der NH$_3$-Emissionen.

Abschließend zeigt **Abbildung 6.10c** die Ergebnisse für die NH$_3$-Emissionen bei Variation der Abgasrückführrate. Die eingestellte AGR-Rate ist an der Linienart zu erkennen (durchgezogen, gestrichelt und gepunktet). Zusätzlich ist die Temperatur nach Oxidationskatalysator dargestellt. Die NH$_3$-Emissionen steigen mit Abfallen des Luftverhältnisses an, mit Erhöhung der AGR-Rate fällt die Steigung geringer aus und beginnt bei kleineren Luftverhältnissen zu steigen. Im Hinblick auf die NH_3-Bildung hat die AGR zweierlei Auswirkung auf das Abgasnachbehandlungssystem. Zum einen wird infolge des Anstiegs der AGR-Rate die Temperatur in der Abgasnachbehandlung gesenkt und zum anderen werden die NO_x-Rohemissionen verringert. Gandhi u. a. [55] und Weirich [64] untersuchten die Abhängigkeit der NH_3-Bildung von der Katalysatortemperatur und sie ermittelten, dass bis ca. 400 °C Abgastemperatur im Katalysator die NH_3-Emissionen ansteigen und dann in Richtung weiter steigender Temperaturen wieder abnehmen. Demnach müssten die NH_3-Emissionen in den hier durchgeführten Versuchen mit Ansteigen der AGR-Rate ansteigen, da sich die Temperaturen der Abgasanlage oberhalb von 600 °C befinden. Da dieses Verhalten hier nicht beobachtet wird, muss neben der Temperatur noch ein weiterer Einfluss auf die NH_3-Bildung zum Tragen kommen. Zum anderen hat die AGR eine verringernde Wirkung auf die NO_x-Rohemissionen. Angesichts der Verringerung der NO_x-Rohemissionen stehen weniger Stickoxide in den Katalysatoren zur Bildung von Ammoniak zur Verfügung. Gandhi u. a. [55] und Waldbüßer [67] fanden heraus, dass die Bildung von NH_3 im unterstöchiometrischen Bereich in den Katalysatoren von der Menge der NO- bzw. NO_x-Emissionen abhängig ist. Mit ansteigenden NO_x-Emissionen war auch ein Ansteigen der NH_3-Emissionen zu beobachten. Auf die hier ermittelten Ergebnisse bezogen sind demnach die verringerten NO_x-Emissionen (siehe auch Abschnitt 2.3.6 ab Seite 16 und Abbildung 6.8b auf Seite 62) die Ursache für die Verringerung der NH_3-Emissionen bei Erhöhung der AGR-Rate und sie kompensieren obendrein die vermutliche Verringerung der NH_3-Emissionen aufgrund der Temperaturverringerung.

Die Analyse der NH_3-Emissionen ist hiermit abgeschlossen. Die Emissionen werden in Abschnitt 7.4.1 ab Seite 84 und Abschnitt 7.4.2 ab Seite 89 in Bezug auf die Einhaltung der Abgasgrenzwerte in den Prüfzyklen WHSC und WHTC wieder betrachtet werden. Nach Abschluss der Analyse der NH_3-Emissionen werden zusammen mit den Ergebnissen aus Abschnitt 6.2.1 ab Seite 58 nun die Werte für die Parameter der Zwangsanregung, die für die folgenden Versuche verwendet werden, festgelegt. In der Literatur sind – meist ohne Angabe der Betriebspunkte – Werte für die Amplitude von 2 – 3 % und Werte für die Frequenz von 1 Hz zu finden [4, 8–10, 88, 92]. Hier durchgeführte Stichversuche mit einer Amplitude von größer 1 % zeigten bei hohen Betriebspunkten erhöhte Emissionsergebnisse. Zudem nimmt infolge der Alterung des Drei-Wege-Katalysators dessen Sauerstoffspeicherfähigkeit ab und somit ist mit einer Zunahme der Emissionen zu rechnen. Die Verwendung eines Sicherheitsfaktors erscheint sinnvoll. In Hinblick auf die NH_3-Emissionen würde sich eine zu hoch gewählte Amplitude ebenfalls erhöhend auf die Emissionen auswirken. Aufgrund der hier ermittelten Ergebnisse und der Angaben in der Literatur wird die Amplitude im gesamten stöchiometrischen Kennfeldbereich des Versuchsmotors auf 1 % eingestellt. Die Frequenz wird anhand des Massenstroms vereinfacht als Kennlinie dargestellt. **Tabelle 6.2** zeigt die entsprechende Bedatung der Kennlinie.

Tabelle 6.2: Kennlinie Frequenz der Lambdaregelung des externen Motorregelungssystem

Drehzahl in 1/min	1000	1250	1500	1750	2000	4500
Frequenz in hz	2	2	1,5	1	1	1

Die Untersuchungen des Einflusses des Luftverhältnisses auf die Emissionen werden hiermit
beendet und im nächsten Abschnitt wird der Einfluss des Luftverhältnisses auf den Kraftstoffverbrauch und Wirkungsgrad untersucht.

6.3 Einfluss des Luftverhältnisses auf den Wirkungsgrad

In der Literatur sind für das stöchiometrische gegenüber dem überstöchiometrischen Dieselbrennverfahren Kraftstoffmehrverbräuche von 5 % bis 15 % angegeben (siehe Abschnitt 3.1 ab
Seite 31). Wird der stöchiometrische Betrieb bei kleinen Lasten mit Hilfe von Androsselung
eingestellt, steigt der Kraftstoffmehrverbrauch nochmals deutlich an. In diesem Abschnitt wird
der Kraftstoffmehrverbrauch analysiert und der Einfluss des Luftverhältnisses auf den Wirkungsgrad des hier verwendeten Versuchsmotors untersucht. **Abbildung 6.11** zeigt die Ergebnisse der
Analyse des Kraftstoffmehrverbrauches bei einer Drehzahl von n = 2000 1/min und einer Last
von Md = 200 Nm. In Abbildung 6.11a sind der spezifische Kraftstoffverbrauch (b_e) und der

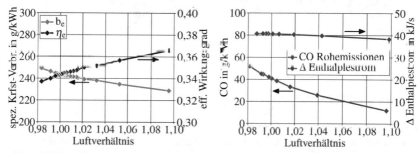

a) *Spezifischer effektiver Kraftstoffverbrauch*   **b)** *CO-Rohemissionen und Differenz aus*
  (b_e) und effektiver Wirkungsgrad (η_e)   *Abgas- und Ladeluftenthalpiestrom*

Abbildung 6.11: Analyse des Kraftstoffmehrverbrauchs in Abhängigkeit vom Luftverhältnis,
n = 2000 1/min, Md = 200 Nm

effektive Wirkungsgrad (η_e) in Abhängigkeit vom Luftverhältnis dargestellt. Der effektive Wirkungsgrad sinkt stetig mit fallendem Luftverhältnis. Er nimmt von 36,6 % bei $\lambda = 1,1$ auf 33,8 %
bei $\lambda = 0,98$, das entspricht etwa 8 % ab. Entsprechend steigt der spezifische Kraftstoffverbrauch
von 229 g/kWh bei $\lambda = 1,1$ auf 250 g/kWh bei $\lambda = 0,98$ um etwa 8 % an.

In Abbildung 6.11b sind die CO-Rohemissionen und die Differenz aus Abgas- und Ladeluftenthalpiestrom in Abhängigkeit vom Luftverhältnis dargestellt. Die Differenz steigt von 38 kJ/s
bei $\lambda = 1,1$ auf 41 kJ/s bei $\lambda = 0,98$ und die CO-Emissionen von 12 g/kWh bei $\lambda = 1,1$ auf
54 g/kWh bei $\lambda = 0,98$ an. Zwei Gründe für die Verringerung des Wirkungsgrades bei Verringerung des Luftverhältnisses können somit bereits identifiziert werden. Zum einen sind das die
CO-Emissionen und zum anderen Wärmeverluste über das Abgas. Mit sinkendem Luftverhältnis
verschlechtert sich der Wirkungsgrad, da ein immer größer werdender Anteil der Kraftstoffener-
gie in Form von erhöhter Abgastemperatur und CO-Emissionen verloren geht und somit nicht
als mechanische Arbeit verwendet werden kann.

Zum besseren Verständnis der einzelnen Verluste wird im Folgenden eine detaillierte thermodynamische Verlustanalyse mit Hilfe der Berechnungssoftware TIGER [178] der EnginOS GmbH durchgeführt. Wie in **Abschnitt 5.3.1 ab Seite 42** beschrieben, wurden für die Hochdruckindizierung ungekühlte Druckquarze verwendet, die aufgrund des Kurzzeitdrifts das Messsignal verfälschen. Die weiter unten gemachten Aussagen haben das verfälschte Signal als Basis und somit muss eine eingeschränkte Aussagefähigkeit der Ergebnisse akzeptiert werden. Beispielhaft wird der gezeigte Betriebspunkt n = 2000 1/min und Md = 200 Nm ausgewertet. In **Abbildung 6.12** sind die Ergebnisse der Verlustteilung zu finden. Da die Verluste der Wirkungs-

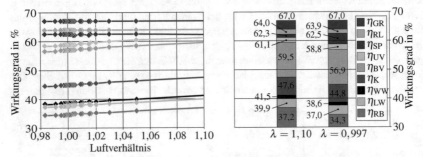

a) *Wirkungsgrade in Abhängigkeit vom Luft-*   b) *Vergleich Wirkungsgrade bei* $\lambda = 1,1$ *und*
   verhältnis, Legende siehe b $\lambda = 0,997$

Abbildung 6.12: Verlustteilung, n = 2000 1/min und Md = 200 Nm

grade Expansionsverlust und Kompressionsverlust sehr niedrig sind, wird aus Gründen der Übersichtlichkeit auf die Darstellung verzichtet und die Werte dem Ladungswechselverlust (realer und idealer Ladungswechselverlust zusammengefasst) zugeschlagen.

Abbildung 6.12a zeigt die einzelnen Wirkungsgrade in Abhängigkeit vom Luftverhältnis. Die Wirkungsgrade Gleichraumprozess, reale Ladung und Schwerpunktlage bleiben auf einem annähernd gleichen Niveau. Der Wirkungsgrad der unvollständigen Verbrennung und die darauf folgenden Wirkungsgrade fallen stetig mit fallenden Luftverhältnis-Zahlen.

Zum besseren Verständnis der einzelnen Wirkungsgrade zeigt **Abbildung 6.12b** einen Vergleich der Verlustteilung zwischen $\lambda = 1,1$ und dem optimalen Luftverhältnis zum Betrieb des Drei-Wege-Katalysators von $\lambda = 0,997$. In **Tabelle 6.3** sind die Verluste, die zu den jeweiligen Wirkungsgraden führen, dargestellt und werden im Folgenden diskutiert. Der Term reale Ladung ($\Delta\eta_{RL}$) hat bei stöchiometrischer Verbrennung im Vergleich mit $\lambda = 1,1$ einen um 0,1 Prozentpunkte höheren Verlust. Das geringere Luftverhältnis bei $\lambda = 0,997$ führt zu einer Verringerung

Tabelle 6.3: Vergleich der Wirkungsgradreduzierung bei $\lambda = 1,1$ und $\lambda = 0,997$

	$\Delta\eta_{RL}$	$\Delta\eta_{SP}$	$\Delta\eta_{UV}$	$\Delta\eta_{BV}$	$\Delta\eta_{RK}$	$\Delta\eta_{WW}$	$\Delta\eta_{LW}$	$\Delta\eta_{RB}$	Σ
$\lambda = 1,1$	3,0	1,7	1,1	1,7	11,9	6,1	1,6	2,7	29,8
$\lambda = 0,997$	3,1	1,4	3,8	1,9	12,0	6,2	1,6	2,7	32,7

des Isentropenexponenten, so dass der Wirkungsgrad geringer ist. Dieser Wirkungsgradnachteil ist unausweichlich bei einer Reduzierung des Luftverhältnisses.

Der Term der realen Schwerpunktlage ($\Delta\eta_{SP}$) ist bei $\lambda = 0,997$ um 0,3 Prozentpunkte höher. Für die Versuche wurde die Schwerpunktlage der Verbrennung mit Hilfe des externen Motorregelungssystems konstant auf 10 °KW n. OT. eingestellt. Der Zylinderdruck wurde hierfür mit Hilfe der in den Glühkerzen integrierten Drucksensoren ermittelt; die Auswertung mit den kalibrierten Druckquarzen und Tiger zeigt jedoch eine Differenz (siehe auch Abschnitt 5.3.1 ab Seite 42). Die Differenz könnte auf eine Ungenauigkeit der in den Glühkerzen integrierten Drucksensoren zurückgeführt werden, wurde hier aber nicht weiter untersucht. Bei $\lambda = 0,997$ liegt die Schwerpunktlage bei 10,4 °KW n. OT, bei $\lambda = 1,1$ weist die Schwerpunktlage bei 11,3 °KW n. OT eine spätere Lage auf. Aufgrund der näheren Lage zum Wirkungsgradoptimum bei $\lambda = 0,997$ ist der Verlust der realen Schwerpunktlage geringer. Dieser Verlust resultiert jedoch nicht aus dem stöchiometrischen Brennverfahren, sondern einzig aus der gewählten Schwerpunktlage. Bei gleich gewählter Schwerpunktlage würde der Verlust für beide Luftverhältnisse den gleichen Wert haben. An dieser Stelle kann ergänzend erwähnt werden, dass infolge der Nutzung des Drei-Wege-Katalysators die Einstellung der Schwerpunktlage im stöchiometrischen Betrieb grundsätzlich wirkungsgradoptimal gewählt werden kann. Dagegen wird beim konventionellen überstöchiometrischen Brennverfahren im Hinblick auf geringe NO$_x$ Rohemissionen in aller Regel eine späte und somit wirkungsgradverschlechternde Schwerpunktlage gewählt. Infolge dieses Teilwirkungsgradvorteils für das stöchiometrischen Brennverfahren können in einem gewissen Maße die Nachteile der übrigen Wirkungsgrade ausgeglichen werden.

Die Differenz des Terms unvollständige Verbrennung ($\Delta\eta_{UV}$) weist zwischen $\lambda = 1,1$ und $\lambda = 0,997$ eine Verschlechterung um 2,7 Prozentpunkte auf und ist auf die erhöhten Schadstoff-Emissionen bei $\lambda = 0,997$ zurückzuführen (siehe auch Abbildung 6.2 auf Seite 54). Die überwiegend in Kohlenmonoxid gebundene chemische Energie wird beim stöchiometrischen Betrieb ungenutzt mit dem Abgas ausgestoßen und nicht in mechanische Arbeit umgesetzt.

Der Term der realen Verbrennung ($\Delta\eta_{BV}$) weist im Vergleich einen um 0,2 Prozentpunkte erhöhten Verlust bei $\lambda = 0,997$ auf. Aufgrund des verringerten Sauerstoffangebots im stöchiometrischen Betrieb verringert sich die Brenngeschwindigkeit der Flamme, die eine verlängerte Brenndauer und somit einen verringerten Gleichraumgrad zur Folge hat. Im Vergleich ist die Brenndauer des stöchiometrischen Brennverfahrens um 5 °KW länger. **Tabelle 6.4** zeigt die Brenndauer für die beiden Luftverhältnisse. Aus der längeren Brenndauer folgt zusätzlich eine höhere Temperatur zum Brennende (siehe ebenfalls Tabelle 6.4), die zu einer Erhöhung der Abgastemperatur führt (siehe **Abbildung 6.11b auf Seite 67**).

Tabelle 6.4: Zusätzliche Daten für die Verlustteilung

λ	Brenndauer[3]	Endtemperatur[4]	max. Temperatur	Wandwärme
1,1	50 °KW	1434 K	2229 K	294 J
0,997	55 °KW	1492 K	2311 K	315 J

---

[3] Brennbeginn bis 95 % Umsatz
[4] bei 300 °KW n. OT

Der Term der realen Kalorik ($\Delta \eta_{RK}$) zeigt mit 0,1 Prozentpunkten eine sehr geringe Differenz. Infolge der Absenkung des Luftverhältnisses steigt die maximale Gastemperatur im Zylinder um 82 K (siehe Tabelle 6.4 auf der vorherigen Seite) und somit auch die kalorischen Verluste an. Klingemann [21] und Mork [126] beobachteten in ihren Untersuchungen einen höheren kalorischen Verlust aufgrund des stöchiometrischen Brennverfahrens. Sie verglichen das stöchiometrische Luftverhältnis jedoch mit einem deutlich höheren überstöchiometrischen Luftverhältnis von $\lambda = 1,4$.

Der Term der Wandwärmeverluste ($\Delta \eta_{WW}$) zeigt mit 0,1 Prozentpunkten eine ähnlich geringe Differenz. Wie bereits in dem Punkt zuvor erläutert, ist die maximale Temperatur bei $\lambda = 0,997$ im Vergleich zu $\lambda = 1,1$ um 82 K höher. Daraus folgt ein um 21 J erhöhter Energieverlust über die Brennraumwände. Bei Klingemann [21] und Mork [126] fiel die Differenz für diesen Term ebenfalls größer aus.

Der Verlust, der zum inneren und effektiven Wirkungsgrad ($\Delta \eta_{LW}$ und $\Delta \eta_{RB}$) führt, zeigt für beide Luftverhältnisse keine Differenz.

Abbildung 6.13 zeigt abschließend einen Kennfeldvergleich des spezifischen Verbrauchs zwischen dem konventionellen überstöchiometrischen und dem stöchiometrischen Brennverfahren. Im Kennfeld ist jeweils der Punkt mit dem besten Verbrauch hervorgehoben. Beim stöchiome-

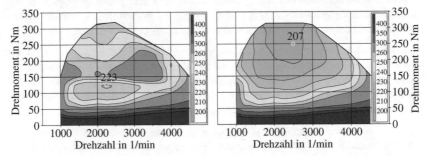

a) *Überstöchiometrischer Betrieb bis 150 Nm, ab 150 Nm stöchiometrischer Betrieb*   **b)** *Überstöchiometrischer Betrieb im gesamten Kennfeldbereich*

Abbildung 6.13: Kennfeldvergleich spezifischer Kraftstoffverbrauch in g/kWh der beiden Betriebsarten

trischen Brennverfahren wird, wie weiter oben bereits erläutert, ab 150 Nm im Bereich von 1000 1/min bis 3500 1/min der stöchiometrische Betrieb aktiviert. Im unteren Lastbereich ist kein Kraftstoffverbrauchsunterschied erkennbar. In diesem Bereich wird der Motor mit identischen Parametern betrieben. Erst im Lastbereich oberhalb von 150 Nm mit Beginn des stöchiometrischen Betriebes, ist ein Verbrauchsunterschied erkennbar. Infolge dessen fällt der Bestpunkt für den Kraftstoffverbrauch von 207 g/kWh auf 222 g/kWh, das entspricht etwa 7 %.

Mit der Analyse des Wirkungsgrades sind die Untersuchungen des stationären stöchiometrischen Betriebs abgeschlossen. Bevor der instationäre Betrieb behandelt wird, werden abschließend die wichtigsten Erkenntnisse aus dem stationären Betrieb zusammengefasst.

6.4 Zusammenfassung der Erkenntnisse

Das Kennfeld des Versuchsmotors ist in einen konventionellen überstöchiometrischen und in einen stöchiometrischen Bereich aufgeteilt. Der stöchiometrische Betrieb kommt oberhalb von 150 Nm im Drehzahlbereich von 1000 bis 3500 1/min zum Einsatz. Da es sich dabei um Betriebspunkte oberhalb der Saugvolllast handelt, wird der stöchiometrische Betrieb mittels Verringerung der Luftmasse mit Hilfe der variablen Turbinengeometrie eingestellt. Analog zum Ottomotor wird das stöchiometrische Luftverhältnis mit Hilfe einer Lambda-Regelung geregelt. Der Lambda-Regler ist ein PI-Regler und die Regelsonde ist motornah vor Oxidationskatalysator positioniert.

Das Luftverhältnis ist der entscheidende Parameter für die Höhe der Konvertierungsrate des Abgasnachbehandlungssystems bestehend aus einem Oxidations- und einem Drei-Wege-Katalysator. Das Luftverhältnis von $\lambda = 0,997$ ist für den gesamten stöchiometrischen Betriebsbereich das optimale Luftverhältnis und somit werden in diesem Kennfeldbereich Konvertierungsraten für die Schadstoffe CO, HC und NO_x von über 99 % erreicht. Im Vergleich zu dem überstöchiometrischen Betrieb steigen die CO-Emissionen geringfügig an, sind aber in beiden Kennfeldbereichen ebenfalls deutlich unterhalb von 1 g/kWh und damit unterhalb der Grenzwerte der Prüfzyklen WHSC und WHTC. Die HC-Emissionen liegen in weiten Teilen des Motorkennfeldes an der Nachweisgrenze. Im überstöchiometrischen Kennfeldbereich werden die NO_x-Emissionen bis zu einer Drehzahl von 2000 1/min wirkungsvoll mittels AGR verringert und steigen zu größeren Drehzahlen an. Im stöchiometrischen Kennfeldbereich sind die NO_x-Emissionen deutlich unterhalb von 1 g/kWh. Die Rußrohemissionen steigen aufgrund des stöchiometrischen Betriebs an, können aber vom verwendeten Partikelfilter ausreichend zurückgehalten werden.

Die Untersuchung einer zyklischen Zwangsanregung zeigt eine Aufweitung des Konvertierungsfensters des Drei-Wege-Katalysators und somit Vorteile für den instationären Betrieb. Fortan wird der Versuchsmotor mit einer Amplitude von 1 % und einer drehzahlabhängigen Frequenz von 1 Hz bis 2 Hz betrieben. Der Parameter Abgasrückführung zeigt im stöchiometrischen Betrieb keinen Einfluss auf die Konvertierungsrate des Drei-Wege-Katalysators und führt zu einem nochmaligen Anstieg der Rußrohemissionen.

Eine Herausforderung stellen die NH_3-Emissionen im stöchiometrischen Betrieb dar, die im WHSC- und WHTC-Prüfzyklus einem Grenzwert von 10 ppm unterliegen. Sie werden bei unterstöchiometrischen Luftverhältnissen in den beiden Katalysatoren gebildet und steigen unterhalb des optimalen Luftverhältnis für den Drei-Wege-Katalysator von $\lambda = 0,997$ signifikant an. Die verwendete Zwangsanregung steigert die Bildung der Emissionen, der Einsatz von AGR kann sie verringern.

Im stöchiometrischen Betrieb ist ein Anstieg des Kraftstoffverbrauches zu erkennen. Eine Verlustanalyse ermittelt, dass die unvollständige Verbrennung den Hauptanteil bildet. Daneben führen die Wirkungsgrade reale Ladung, realer Brennverlauf, reale Kalorik und Wandwärmeverluste aufgrund der höheren Prozesstemperaturen zu dem erhöhten Kraftstoffverbrauch. Der stöchiometrische Betrieb eröffnet die Möglichkeit einer wirkungsgradoptimalen Schwerpunktlage, die einen Teil der Verluste verringern kann. Im Kennfeldvergleich steigt der Kraftstoffverbrauch für den Bestpunkt um 8 %.

7 Instationärer stöchiometrischer Betrieb beim Dieselmotor

In diesem Abschnitt wird das instationäre Verhalten des stöchiometrischen Brennverfahrens untersucht. Das Ziel ist die Bewertung des Emissionsminderungspotenzials und des Kraftstoffverbrauchs in verschiedenen aktuellen Prüfzyklen. In einem ersten Schritt wird der instationäre Betrieb ausschließlich im stöchiometrischen Kennfeldbereich schrittweise analysiert. Anschließend wird der Übergang vom überstöchiometrischen in den stöchiometrischen Betrieb untersucht. Schlussendlich wird das Emissionsminderungspotenzial und der Kraftstoffverbrauch in den Prüfzyklen WHSC und WHTC und in den Fahrzyklen NEDC und WLTC ermittelt. Zur Bewertung der Emissionsergebnisse und Ermittlung des Kraftstoffmehrverbrauchs werden jeweils die Ergebnisse mit stöchiometrischem Brennverfahren, im Folgenden aufgrund der Aufteilung des Kennfeldes in überstöchiometrischen und stöchiometrischen Betriebsbereich (siehe Abbildung 6.1 auf Seite 52) als gemischt stöchiometrischer Betrieb bezeichnet, den Ergebnissen mit vollständig überstöchiometrischem Betrieb gegenübergestellt.

7.1 Instationärer Betrieb im stöchiometrischen Kennfeldbereich

Der instationäre Betrieb im stöchiometrischen Kennfeldbereich wird schrittweise aufgebaut. Im Einzelnen werden folgende Untersuchungen durchgeführt:

- Lastsprung bei stationärer Drehzahl
- Last- und Drehzahlsprung
- Vollständiger instationärer Betrieb im stöchiometrischen Kennfeldbereich

Für die Untersuchung des Lastsprungs wird bei einer stationären Drehzahl von 2000 1/min die Last von 256 Nm auf 314 Nm innerhalb von einer Sekunde erhöht, dort für 20 Sekunden gehalten und anschließend wird wieder auf die Ausgangslast zurückgekehrt. Dieser Lastsprung entspricht einem realen Lastsprung aus dem WHTC-Prüfzyklus für den Versuchsmotor (Sekunde 485 auf Sekunde 486). In **Abbildung 7.1 auf der nächsten Seite** sind die Ergebnisse dargestellt. Die Werte der Sonde vor Oxidationskatalysator schwingen aufgrund der Zwangsanregung sinusförmig um den Sollwert und zeigen während der Lasterhöhung einen kurzzeitigen Ausschlag in den überstöchiometrischen und anschließend einen kleineren Ausschlag in den unterstöchiometrischen Bereich. Die Werte der Sonde nach Drei-Wege-Katalysator zeigen ein konstantes Luftverhältnis an und zeigen bei der Lasterhöhung ebenfalls kurzzeitig eine geringe Abweichung in den überstöchiometrischen Bereich. Der Lastsprung zurück auf die Ausgangslast hat einen zu vernachlässigenden Einfluss auf die Werte der Sonde vor Oxidationskatalysator. Die Werte der Sonde nach Drei-Wege-Katalysator zeigen keine Abweichungen. Die CO- und NH_3-Emissionen verharren während des gesamten Versuches auf einem geringen Niveau. Die NO_x-Emissionen verharren ebenfalls auf einem geringen Niveau, aber zeigen kurze Zeit nach der Lasterhöhung einen geringen und kurzzeitigen Anstieg.

© Springer Fachmedien Wiesbaden GmbH, ein Teil von Springer Nature 2018
C. Kröger, *Stöchiometrisches heterogenes Dieselbrennverfahren im stationären und instationären Motorbetrieb*, AutoUni – Schriftenreihe 125, https://doi.org/10.1007/978-3-658-22501-8_7

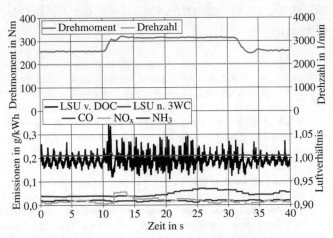

Abbildung 7.1: Lastsprung: 256 Nm auf 314 Nm bei 2000 1/min, Frequenz = 1 Hz, Amplitude = 1 %, Messstelle nach Drei-Wege-Katalysator

Während der Lasterhöhung ist die Abweichung in den überstöchiometrischen Bereich so groß,
dass die Speicherfunktion des Drei-Wege-Katalysators überschritten wird und es kurzzeitig zu
einem überstöchiometrischen Abgas nach Drei-Wege-Katalysator kommt. Aufgrund dessen steigen die NO_x-Emissionen minimal und kurzzeitig an. Mit Blick auf den gesamten Kurvenverlauf
ist der Anstieg vernachlässigbar klein. Die Ergebnisse zeigen, dass während des Lastsprungs
der Lambda-Regler des externen Motorregelungssystems das vorgegebene Luftverhältnis gut
einhalten kann und somit sehr gute Emissionsergebnisse erreicht werden.

Für die Untersuchung des verknüpften Last- und Drehzahlsprungs wird die Last von 146 Nm auf
243 Nm und gleichzeitig die Drehzahl von 1440 1/min auf 1904 1/min geändert, in diesem Punkt
für 20 Sekunden gehalten und anschließend wieder zu dem Ausgangszustand zurückgekehrt. Der
Sprung entstammt ebenfalls dem WHTC-Prüfzyklus für den Versuchsmotor (Sekunde 259 auf
Sekunde 260). In **Abbildung 7.2 auf der nächsten Seite** sind die Ergebnisse dargestellt. Die
Werte der Sonde vor Oxidationskatalysator schwingen ebenfalls aufgrund der Zwangsanregung
sinusförmig um den Sollwert und zeigen bei der Last- und Drehzahlerhöhung kurzzeitige Ausschläge in Richtung überstöchiometrischen und unterstöchiometrischen Bereich an. Die Werte
der Sonde nach Drei-Wege-Katalysator zeigen bei der Last- und Drehzahlerhöhung ebenfalls
kurzzeitig eine geringe Abweichung in den überstöchiometrischen Bereich an. Die Abweichung
ist jedoch geringer als beim Versuch davor. Beim Sprung zurück auf den Ausgangszustand zeigt
die Sonde vor Oxidationskatalysator eine Abweichung in den unterstöchiometrischen Bereich
an. Die Werte der Sonde nach Drei-Wege-Katalysator zeigen keine Abweichung an. Die CO-,
NH_3- und NO_x-Emissionen verharren während der gesamten Versuchszeit auf einem geringen
Niveau.

Wie im vorherigen Versuch kann der Lambda-Regler des externen Motorregelungssystems das
vorgegebene Luftverhältnis auch bei gleichzeitiger Last- und Drehzahländerung gut einhalten.

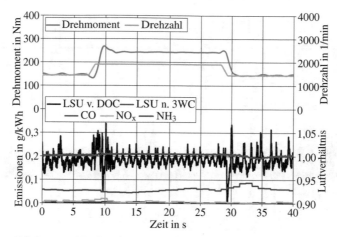

Abbildung 7.2: Last- und Drehzahlsprung: 146 Nm bei 1440 1/min auf 243 Nm bei 1904 1/min, Frequenz = 1 Hz, Amplitude = 1 %, Messstelle nach Drei-Wege-Katalysator

Die jeweiligen Abweichungen vom stöchiometrischen Luftverhältnis, die die Sonde vor Oxidationskatalysator anzeigt, können von der Speicherfunktion des Drei-Wege-Katalysators annähernd vollständig kompensiert und ein Anstieg der Emissionen nach Drei-Wege-Katalysator verhindert werden.

Den Abschluss dieses Untersuchungsteils stellt der vollständige instationäre Betrieb im stöchiometrischen Kennfeldbereich dar. Für diese Untersuchung werden aus dem WHTC-Prüfzyklus alle Betriebspunkte oberhalb von 150 Nm entnommen und zu einem modifizierten 300-sekündigen WHTC-Prüfzyklus zusammengefügt und anschließend vermessen. In **Abbildung 7.3 auf der nächsten Seite** sind die Ergebnisse dargestellt. Das Drehmoment und die Drehzahl verändern sich entsprechend den Sollwerten jede Sekunde. Die Werte der Sonde vor Oxidationskatalysator zeigen teilweise größere Abweichungen in den unter- und überstöchiometrischen Bereich an. In der Darstellung erscheint es als breites Band. Vereinzelt zeigen auch die Werte der Sonde nach Drei-Wege-Katalysator geringe Abweichungen in den unter- oder überstöchiometrischen Bereich an. Die CO-Emissionen zeigen zwei größere Anstiege, der maximale Wert beträgt 0,69 g/kWh. Die NO_x- und NH_3-Emissionen verharren während des ganzen Versuches auf einem sehr geringen Niveau.

Der Anstieg der CO-Emissionen von Sekunde 50 bis Sekunde 125 und Sekunde 160 bis Sekunde 250 resultiert aus einem geringfügig unterstöchiometrisch eingestellten stationären Luftverhältnis. In weiteren Untersuchungen dieses modifizierten Prüfzyklus (hier nicht dargestellt) wird das stationäre Luftverhältnis in Richtung überstöchiometrisch verstellt. Infolgedessen werden die CO-Emissionen verringert, jedoch ist bei den NO_x-Emissionen ein geringer Anstieg zu verzeichnen. Im Hinblick auf die Grenzwerte des WHTC-Prüfzyklus, bei dem der Grenzwert für die CO-Emissionen etwa um den Faktor 9 höher ist als im Vergleich zum Grenzwert der NO_x-Emissionen,

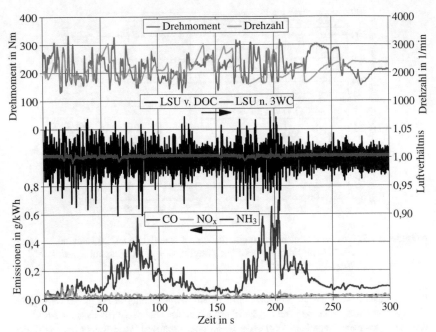

Abbildung 7.3: Modifizierter WHTC-Prüfzyklus: Betriebspunkte des WHTC mit einem Drehmoment $\geq$ 150 Nm

werden zur Erzielung sehr niedriger NO_x-Emissionen die erhöhten CO-Emissionen toleriert.
Wie bei den beiden Versuchen davor belegen die Ergebnisse, dass der Lambda-Regler– bis auf
wenige Ausnahmen – das optimale Luftverhältnis regeln kann und geringe Emissionen nach
Drei-Wege-Katalysator erreicht werden.

Die Ergebnisse werden in **Tabelle 7.1 auf der nächsten Seite** zusammengefasst. Es sind die
Gesamtemissionsergebnisse und der Kraftstoffverbrauch des modifizierten WHTC-Prüfzyklus
als Vergleich zwischen dem stöchiometrischen ($\lambda = 1$) und dem konventionellen überstöchiometrischen Betrieb ($\lambda > 1$) dargestellt. Für den konventionellen überstöchiometrischen Betrieb wird
mit Hilfe des externen Motorregelungssystems der stöchiometrische Betrieb deaktiviert, für eine
bessere Vergleichbarkeit werden die Grenzen der anderen Motorparameter wie die AGR-Rate von
der Applikation des stöchiometrischen Betriebs übernommen. Die Ergebnisse zeigen die über die
gesamte Messzeit gemittelten Werte des jeweiligen Schadstoffes und es wird der Mittelwert aus
jeweils drei Messungen gebildet. Die Grenzwerte des WHTC für EU VI sind ebenfalls dargestellt.
Im Vergleich zum konventionellen überstöchiometrischen Betrieb steigen die CO-Emissionen im
stöchiometrischen Betrieb geringfügig an. Sie liegen jedoch weiterhin unterhalb des geforderten
Grenzwertes. Die NO_x-Emissionen sind im stöchiometrischen Betrieb deutlich unterhalb des
Grenzwertes und werden im konventionellen überstöchiometrischen Betrieb überschritten. Die
Höhe der Überschreitung ist vor allem der Verringerung der AGR geschuldet. Die Erhöhung

Tabelle 7.1: Vergleich stöchiometrischer ($\lambda = 1$) mit konventionellem überstöchiometrischen Betrieb ($\lambda > 1$) im modifizierten WHTC-Prüfzyklus, spezifische Emissionen in g/kWh, Mittelwerte aus drei Messungen

	CO	NO$_x$	HC	NH$_3$	Kraftstoff-verbrauch
$\lambda = 1$	0,14	0,03	0,00	3 ppm	253
$\lambda > 1$	0,04	2,50	0,00	1 ppm	221
Grenzwert EU VI	4,00	0,46	0,16	10 ppm	-

der AGR auf das Niveau einer EU-V-Applikation würde die NO$_x$-Emissionen verringern, der Grenzwert würde jedoch weiterhin überschritten werden. Dieses Vorgehen mit der gleichbleibenden Applikation ermöglicht jedoch eine bessere Vergleichbarkeit des Kraftstoffverbrauchs. Die HC-Emissionen sind für beide Betriebsarten an der Nachweisgrenze. Die NH$_3$-Emissionen sind mit stöchiometrischem Betrieb geringfügig höher, aber unterschreiten weiterhin deutlich den geforderten Grenzwert. Der Kraftstoffverbrauch steigt aufgrund des stöchiometrischen Betriebs um etwa 13 % an.

Die Analyse des instationären Betriebs ausschließlich im stöchiometrischen Kennfeldbereich ist damit beendet. Es konnte gezeigt werden, dass der Lambda-Regler des externen Motorregelungssystems im instationären Betrieb das gewünschte Luftverhältnis regeln kann, somit hohe Konvertierungsraten der Abgasnachbehandlung erreicht und infolge dessen sehr gute Emissionsergebnisse nach Drei-Wege-Katalysator erzielt werden. Im nächsten Abschnitt wird der Übergang vom konventionellen überstöchiometrischen in den stöchiometrischen Betrieb untersucht.

7.2 Übergang vom überstöchiometrischen in den stöchiometrischen Betrieb

Bedingt durch die Aufteilung des Kennfeldes des Versuchsmotors in einen konventionellen überstöchiometrischen und einen stöchiometrischen Betriebsbereich (siehe auch Abbildung 6.1 auf Seite 52) ist eine Umschaltung zwischen den beiden Betriebsbereichen im instationären Betrieb erforderlich. Im Folgenden wird der Wechsel vom überstöchiometrischen in den stöchiometrischen Betrieb und zurück analysiert. Dafür wird bei einer Drehzahl von 2000 1/min ein vollständiger Lastschnitt durchgeführt. Es wird im Schub begonnen und das Drehmoment in 3 Nm/s-Schritten bis zur Volllast erhöht. Dort wird für 45 Sekunden verharrt und wieder zu dem Ausgangszustand zurückgekehrt. **Abbildung 7.4 auf der nächsten Seite** zeigt die Ergebnisse. Aus Gründen der Übersichtlichkeit wird auf die Darstellung der Drehzahl verzichtet und für das Luftverhältnis nur der Bereich um $\lambda = 1$ dargestellt. Die Werte der Lambda-Sonden fallen mit ansteigendem Drehmoment. Ab 150 Nm zeigen die Sonden $\lambda = 1$ an. Mit abnehmendem Drehmoment zeigen sie ab etwa 140 Nm wieder überstöchiometrische Luftverhältnisse an. Diese Differenz ist der Hysterese des Lambda-Reglers geschuldet (siehe auch Abschnitt 6.1 ab Seite 51). Die AGR fällt ebenfalls mit ansteigendem Drehmoment und beträgt ab einem Drehmoment von 150 Nm maximal 5 %. Beim Verlassen des stöchiometrischen Betriebs steigt die AGR-Rate

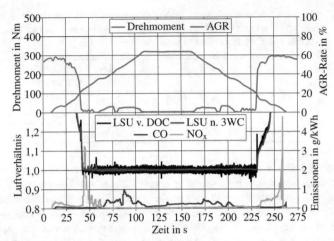

Abbildung 7.4: Lastschnitt bei 2000 1/min, Messstelle Emissionen: nach Drei-Wege-Katalysator

wieder an. Die NO_x-Emissionen sind im überstöchiometrischen Bereich auf einem geringen Niveau. Beim Wechsel in den stöchiometrischen Betrieb steigen die NO_x-Emissionen kurzzeitig stark an und verharren dann nahe der Nachweisgrenze. Nach dem Wechsel zurück in den überstöchiometrischen Betrieb steigen die Emissionen wieder auf das Ausgangsniveau vom Anfang der Messung an. Die CO-Emissionen verharren in den beiden überstöchiometrischen Betriebsbereichen auf einem geringen Niveau. Während des stöchiometrischen Betriebs steigen sie geringfügig an, der maximale Wert beträgt 0,95 g/kWh.

Die Ergebnisse zeigen, dass beim Wechsel in den stöchiometrischen Betrieb die NO_x-Konvertierung verzögert beginnt. Dagegen ist der Wechsel zurück in den überstöchiometrischen Betrieb unkritisch. Der kurzzeitige Anstieg der NO_x-Emissionen beim Wechsel in den stöchiometrischen Betrieb wird näher analysiert. Dafür ist in **Abbildung 7.5 auf der nächsten Seite** der Übergang in den stöchiometrischen Betrieb als vergrößerte Darstellung ausgeführt. Zusätzlich sind die O_2-Emissionen an der Messstelle nach Drei-Wege-Katalysator eingezeichnet. Auf die Darstellung des Drehmomentes wird verzichtet. Etwa ab Sekunde 43 zeigen die Werte der Sonde vor Oxidationskatalysator den stöchiometrischen Betrieb an und sie beginnen sinusförmig zu schwingen. Die Werte der Sonde nach Drei-Wege-Katalysator folgen mit einer geringen Verzögerung, zeigen aber anfangs noch ein minimal überstöchiometrisches Luftverhältnis an. Erst etwa ab Sekunde 58 zeigen die Werte der Sonde nach Drei-Wege-Katalysator durchgängig ein stöchiometrisches Abgas an. Die O_2-Emissionen fallen nach dem Wechsel in den stöchiometrischen Betrieb mit Zeitverzögerung ab und sinken analog zu den sinkenden NO_x-Emissionen. Etwa ab Sekunde 51 verharren sie an der Nachweisgrenze.

Beim Vergleich der Kurve für die Sonde nach Drei-Wege-Katalysator und der Kurve für Sauerstoff werden Differenzen erkennbar, obwohl der Messort in der Abgasanlage annähernd gleich ist. Die Sonde nach Drei-Wege-Katalysator zeigt relativ schnell ein stöchiometrisches Luft-

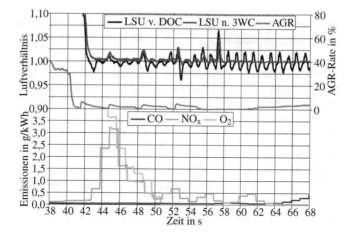

Abbildung 7.5: Lastschnitt bei 2000 1/min, Abbildung 7.4 auf der vorherigen Seite als vergrößerte Darstellung, Messstelle Emissionen: nach Drei-Wege-Katalysator

Kraftstoff-Verhältnis und somit keinen Sauerstoff im Abgas an. Aber die Ausschläge in den
überstöchiometrischen Bereich zeigen, dass zumindest zeitweise noch Sauerstoff im Abgas
vorhanden ist. Der vorhandene Sauerstoff wird durch die Abgasmessanlage angezeigt. Da hier
zwei verschiedene Messprinzipien für Sauerstoff verglichen werden, wobei die Lambda-Sonde
ein sehr schnelles Messorgan ist und viel schneller auf Änderungen der Abgaszusammensetzung
reagiert als die langsamere Abgasmessanlage, können eine inhomogene Verteilung des Sauerstoffes im Abgas und veränderte Strömungsverhältnisse an den beiden Messstellen einen exakten
Vergleich erschweren und zu den hier festgestellten Differenzen führen.

Die Sauerstoffspeicherfunktion des Drei-Wege-Katalysators (siehe auch Abschnitt 2.3.7 ab Seite 19) ist der Grund für das verzögerte Absinken der O_2-Emissionen und den damit verbundenen
verzögerten Beginn der NO_x-Konvertierung nach dem Wechsel in den stöchiometrischen Betrieb.
Im überstöchiometrischen Betrieb wird der Sauerstoffspeicher des Drei-Wege-Katalysators bis
zu seiner Füllgrenze mit Sauerstoff beladen. Beim Wechsel in den stöchiometrischen Betrieb
verhindert dieser bis zu seiner vollständigen Leerung die Konvertierung der NO_x-Emissionen.
Wie in Abbildung 7.5 zu sehen ist, werden die NO_x-Emissionen erst wenn nach Drei-Wege-Katalysator kein Sauerstoff mehr gemessen wird, vollständig konvertiert und verharren ab diesem
Zeitpunkt an der Nachweisgrenze. Beim Ottomotor ist dieses Verhalten bekannt. Dort wird nach
Schubphasen bei Wiedereinschaltung der Kraftstoffeinspritzung kurzzeitig ein unterstöchiometri-
sches Luftverhältnis eingestellt, um den Sauerstoffspeicher des Drei-Wege-Katalysators gezielt
zu leeren und damit bei Wiedereinsetzen der Verbrennung eine schnelle NO_x-Konvertierung
zu erhalten. Im Folgenden wird diese Vorgehensweise auf den stöchiometrisch betriebenen
Dieselmotor übertragen und der Einfluss einer gezielten Leerung des Sauerstoffspeichers des
Drei-Wege-Katalysators beim Wechsel vom über- in den stöchiometrischen Betrieb auf die
Emissionen und den Kraftstoffverbrauch untersucht und bewertet.

7.3 Verbesserung der Stickoxidkonvertierung beim Übergang in den stöchiometrischen Betrieb

Für die Verbesserung der Stickoxidkonvertierung beim Wechsel in den stöchiometrischen Betrieb wird das externe Motorregelungssystem des Versuchsmotors um eine Sauerstoff-Ausräumfunktion erweitert und damit besteht nun die Möglichkeit, für eine bestimmte Zeit ein unterstöchiometrisches Luftverhältnis einzustellen und somit den Sauerstoffspeicher des Drei-Wege-Katalysators gezielt zu leeren. Folgende Verstellparameter bietet die Ausräumfunktion:

- Ausräumzeit (Zeit, die die Funktion aktiv ist)
- Ausräum-λ (Luftverhältnis während die Funktion aktiv ist)
- Pausenzeit (Zeit, die mit überstöchiometrischem Betrieb vergangen sein muss, damit im Anschluss die Sauerstoffausräumfunktion aktiviert wird)

In **Abbildung 7.6** sind die Parameter Ausräumzeit und Ausräum-λ der Ausräumfunktion schematisch dargestellt. Gezeigt wird das Soll-Luftverhältnis des externen Motorregelungssystems

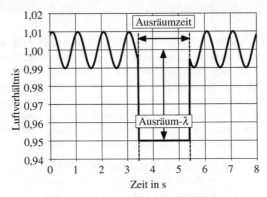

Abbildung 7.6: Parameter der Sauerstoffausräumfunktion, schematisch

mit einer Zwangsanregung. Bei Aktivierung der Ausräumfunktion wird für eine vorgegebene Zeit (Ausräumzeit) die Zwangsanregung deaktiviert, das vorgegebene abweichende Luftverhältnis (Ausräum-λ) eingestellt und anschließend wieder zum Ausgangszustand zurückgekehrt.

Mit einem Stichversuch wird die Arbeitsweise der Funktion und die Wirkung auf die Emissionen verdeutlicht. Dafür wird bei einer Drehzahl von 2000 1/min ein Lastsprung von 100 Nm im überstöchiometrischen Betrieb auf 200 Nm im stöchiometrischen Betrieb durchgeführt. Dieser Lastsprung erfolgt zum einen mit deaktivierter und zum anderen mit aktivierter Ausräumfunktion und die Ergebnisse werden gegenübergestellt. Bei aktivierter Ausräumfunktion beträgt das Ausräum-$\lambda = 0{,}95$ für die Ausräumzeit von 2 s. Die Zwangsanregung ist für diese Zeit deaktiviert. In **Abbildung 7.7 auf der nächsten Seite** sind die Ergebnisse aus den beiden Versuchen dargestellt. **Abbildung 7.7a auf der nächsten Seite** zeigt den Lastsprung bei deaktivierter Ausräumfunktion. Zusätzlich ist in dem Diagramm die Abklingzeit der NO_x-Emissionen, auf die

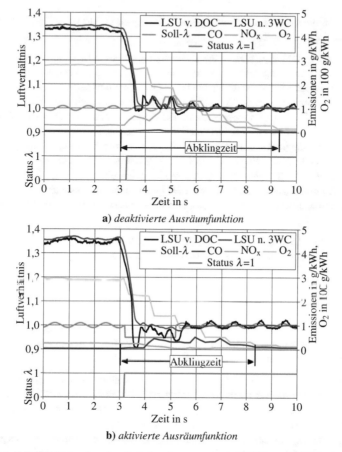

Abbildung 7.7: Effekt der Ausräumfunktion, Lastsprung von 100 Nm auf 200 Nm bei einer Drehzahl von 2000 1/min

später eingegangen wird, und der Status des $\lambda = 1$-Betriebs eingezeichnet. Nimmt der Status den Wert eins an, wird der stöchiometrische Betrieb vom externen Motorregelungssystem eingestellt. Die Werte der Sonde vor Oxidationskatalysator sinken beim Sprung auf das Luftverhältnis von $\lambda = 1$ und beginnen anschließend sinusförmig um $\lambda = 1$ zu schwingen. Die Werte der Sonde nach Drei-Wege-Katalysator sinken analog und bleiben für etwa zwei Sekunden im überstöchiometrischen Bereich, bevor sie durchgängig $\lambda = 1$ anzeigen. Die NO_x-Emissionen steigen beim Lastsprung kurzzeitig an und sinken anschließend auf die Nachweisgrenze. Die Zeit von Beginn Lastsprung bis Erreichen eines definierten Wertes von 0,05 g/kWh wird als Abklingzeit der NO_x-Emissionen festgelegt. Die CO-Emissionen bleiben während der gesamten Messzeit an der Nachweisgrenze und weisen deshalb keine Abklingzeit auf. Die O_2-Emissionen beginnen nach dem Lastsprung langsam abzusinken und befinden sich etwa zum selben Zeitpunkt wie die NO_x-Emissionen an der Nachweisgrenze. Die Ergebnisse ähneln weitgehend denen aus Abbildung 7.5 auf Seite 79.

Abbildung 7.7b auf der vorherigen Seite zeigt den Lastsprung mit aktivierter Ausräumfunktion. Zusätzlich ist in dem Diagramm die Abklingzeit der CO-Emissionen und der Status des $\lambda = 1$-Betriebs eingezeichnet. Die Werte der Sonde vor Oxidationskatalysator sinken beim Sprung in den unterstöchiometrischen Bereich, um dort für etwa zwei Sekunden zu verharren, bevor sie sinusförmig um $\lambda = 1$ zu schwingen beginnen. Die Werte der Sonde nach Drei-Wege-Katalysator sinken analog ab und zeigen ebenfalls kurzzeitig ein unterstöchiometrisches Luftverhältnis an, bevor sie durchgängig $\lambda = 1$ anzeigen. Die NO_x-Emissionen beginnen mit dem Lastsprung unmittelbar auf die Nachweisgrenze zu sinken und haben dementsprechend keine Abklingzeit. Dagegen zeigen die CO-Emissionen nach dem Lastsprung einen kurzzeitigen Anstieg an und weisen infolge dessen eine Abklingzeit auf. Die O_2-Emissionen beginnen im Vergleich zur deaktivierten Ausräumfunktion nach dem Lastsprung in einer kürzeren Zeit auf die Nachweisgrenze zu sinken.

Bei deaktivierter Ausräumfunktion zeigen die Werte der Sonde nach Drei-Wege-Katalysator erst nach der Leerung des Sauerstoffspeichers das unterstöchiometrische Luftverhältnis an. Im Drei-Wege-Katalysator ist das Luftverhältnis während und kurz nach dem Sprung überstöchiometrisch, infolge dessen ist die Konvertierungsrate für die Stickoxide gering und die NO_x-Emissionen zeigen aufgrund der hohen Last kurzzeitig erhöhte Werte. Bei aktivierter Ausräumfunktion wird mit dem unterstöchiometrischen Luftverhältnis der Sauerstoffspeicher gezielt entleert und auf diese Weise das stöchiometrische Luftverhältnis im Drei-Wege-Katalysator schneller und so eine unmittelbare NO_x-Konvertierung erreicht. Aufgrund des unterstöchiometrischen Luftverhältnisses im Katalysator steigen jedoch kurzzeitig die CO-Emissionen an.

Im Folgenden werden die Parameter der Sauerstoffausräumfunktion, die Ausräumzeit und das Ausräum-λ variiert und der Einfluss auf die CO- und NO_x-Emissionen ermittelt. Die Untersuchungen werden ebenfalls beim Lastsprung von 100 Nm auf 200 Nm bei 2000 1/min durchgeführt. Der betrachtete Parameter ist dabei die oben vorgestellte Abklingzeit. Bei null Sekunden Abklingzeit ist kein Anstieg der Emission zu beobachten bzw. liegt dieser unterhalb von 0,05 g/kWh. In **Abbildung 7.8 auf der nächsten Seite** sind die Ergebnisse dargestellt. In **Abbildung 7.8a auf der nächsten Seite** ist das Ausräum-λ konstant auf $\lambda = 0,95$ eingestellt und die Ausräumzeit wird von 0 s bis 10 s in 2-Sekunden-Schritten variiert. Die Kurve der Abklingzeit der NO_x-Emissionen sinkt geringfügig mit steigender Ausräumzeit. Bei den CO-Emissionen ist bis zu einer Ausräumzeit von vier Sekunden die Abklingzeit gleich null Sekunden, da kein Anstieg der CO-Emissionen zu beobachten ist (maximaler Wert der CO-Emissionen unterhalb von 0,05 g/kWh). Ab einer Ausräumzeit von vier Sekunden beginnt die Kurve der Abklingzeit annähernd linear zu steigen.

In **Abbildung 7.8b auf der nächsten Seite** ist die Ausräumzeit konstant auf 6 s eingestellt und das Ausräum-λ wird von $\lambda = 0,99$ bis $\lambda = 0,90$ in 0,1- bzw. 0,2-Schritten variiert. Die Kurve der Abklingzeit der NO_x-Emissionen steigt geringfügig mit größer werdendem Ausräum-λ. Bei den CO-Emissionen sinkt die Kurve der Abklingzeit bis zu einem Ausräum-Luftverhältnis von $\lambda = 0,94$ kaum, ab einem Ausräum-λ von 0,94 fällt die Kurve stärker ab. Ab $\lambda = 0,98$ ist

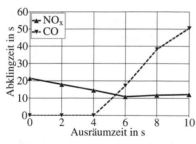 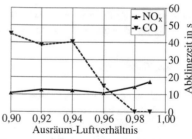

a) *Variation der Ausräumzeit, Ausräumlambda* $\lambda = 0,95$ **b)** *Variation des Ausräumlambda, Ausräumzeit = 6 s*

Abbildung 7.8: Abklingzeit bei Variation der Parameter der Sauerstoff-Ausräumfunktion, Lastsprung von 100 Nm auf 200 Nm bei 2000 1/min

die Abklingzeit gleich null Sekunden, da kein Anstieg der CO-Emissionen zu beobachten ist (maximaler Wert der CO-Emissionen unterhalb von 0,05 g/kWh).

Die Ergebnisse zeigen eine geringe Verbesserung der NO_x-Konvertierung mit ansteigender Ausräumzeit und ansteigendem Ausräumlambda. Die Begründung dafür ist jeweils die schnellere Leerung des Sauerstoffspeichers des Drei-Wege-Katalysators. Demgegenüber steht jedoch ein Anstieg der CO-Emissionen, die aufgrund der längeren Verweildauer im unterstöchiometrischen Bereich oder des kleineren Luftverhältnisses ansteigen. Der Einfluss der beiden variierten Parameter auf die CO-Emissionen ist stärker ausgeprägt.

Zusammenfassend zeigt sich, dass die Ausräumfunktion ein probates Mittel zur Verringerung der NO_x-Emissionen im instationären Betrieb beim Übergang von der überstöchiometrischen in die stöchiometrische Betriebsart darstellt. Demgegenüber steht jedoch ein damit einhergehender Anstieg der CO-Emissionen und ein möglicher Anstieg des Kraftstoffverbrauchs. Die Untersuchung und Bestimmung der Parameter der Ausräumfunktion wird in Abschnitt 7.4.2 ab Seite 89 weitergeführt und der Einfluss auf die Emissionen und den Kraftstoffverbrauch im WHTC-Prüfzyklus ermittelt. Im nächsten Abschnitt wird mit der Untersuchung des stöchiometrischen Brennverfahrens in verschiedenen Prüfzyklen begonnen.

7.4 Emissionspotenzial in verschiedenen Prüfzyklen

In diesem Abschnitt wird das Emissionsminderungspotenzial des stöchiometrischen Dieselbrennverfahrens in verschiedenen Prüfzyklen analysiert und diskutiert. Im Vordergrund steht die Beantwortung der Frage, ob mit dem stöchiometrischen Brennverfahren die Grenzwerte der geltenden Abgasgesetzgebung erfüllt werden können und wie hoch der Kraftstoffmehrverbrauch ist. Zur Ermittlung des Kraftstoffmehrverbrauchs wird das Ergebnis der Kraftstoffverbrauchsmessung mit stöchiometrischem Betrieb dem Ergebnis der Messung mit konventionell überstöchiometrischem Betrieb gegenübergestellt. Für die Messung mit überstöchiometrischem Betrieb wird die AGR-Rate auf einen Stand vergleichbar mit einer Applikation für EU V angepasst. Es werden am

Motorprüfstand die Prüfzyklen WHSC und WHTC und am Fahrzeugprüfstand die Fahrzyklen NEDC, für den Pkw und den Nkw, und WLTC für den Nkw untersucht.

7.4.1 WHSC-Prüfzyklus

Der WHSC stellt den ersten zu untersuchenden Prüfzyklus dar. Da es sich um einen quasi-stationären Zyklus handelt, bildet er die Brücke vom stationären zum instationären Betrieb. **Abbildung 7.9** zeigt die Lage der Betriebspunkte für den Versuchsmotor und die Aufteilung in den überstöchiometrischen und stöchiometrischen Betriebsbereich. Die Punkte 2, 4, 5, 7, 9,

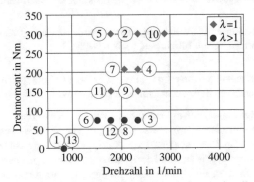

Abbildung 7.9: Lage der Betriebspunkte und Aufteilung in konventionellen überstöchiometrischen ($\lambda > 1$) und stöchiometrischen Betrieb ($\lambda = 1$) im WHSC-Prüfzyklus

10 und 11 liegen auf bzw. oberhalb der Umschaltgrenze von 150 Nm und werden mit stöchiometrischem Betrieb, die übrigen Punkte (1, 3, 6, 8, 12 und 13) werden mit konventionellem überstöchiometrischen Betrieb angefahren. Diese Konfiguration stellt die Ausgangsbasis dar und wird im Folgenden untersucht.

Abbildung 7.10 auf der nächsten Seite zeigt die Ergebnisse der WHSC-Untersuchung mit gemischt stöchiometrischem Betrieb. Dargestellt sind die AGR-Rate, das Luftverhältnis (mit der Abgasmessanlage bestimmt) und die CO- und NO_x-Emissionen in Abhängigkeit der Messzeit. Zur besseren Orientierung sind die Betriebspunkte als eingekreiste Zahlen im Diagramm gekennzeichnet. Die CO-Emissionen überschreiten während des gesamten Versuches, bis auf wenige Ausnahmen beim Übergang in den stöchiometrischen Betrieb, nicht die Nachweisgrenze. Die NO_x-Emissionen sind in den stöchiometrischen Betriebspunkten teilweise erhöht. Im Punkt zwei steigen sie über 2 g/kWh, in den Punkten vier und fünf bleiben sie darunter und im Punkt sieben, neun und elf an der Nachweisgrenze. Im Punkt zehn ist allerdings wieder ein Anstieg zu beobachten. In den überstöchiometrischen Betriebspunkten liegen die NO_x-Emissionen unterhalb von 0,8 g/kWh.

Abbildung 7.11 auf Seite 86 zeigt als Vergleich die Messung mit vollständig überstöchiometrischem Betrieb. Die CO-Emissionen überschreiten während des gesamten Versuches nicht die

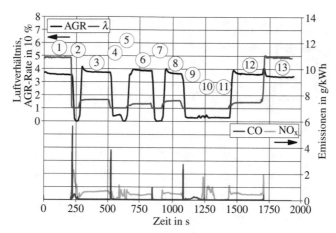

Abbildung 7.10: Gemischter Betrieb aus konventionellem überstöchiometrischen und stöchiometrischem Betrieb im WHSC-Prüfzyklus, Betriebspunkte 2, 4, 5, 7, 9, 10, 11 im stöchiometrischen Betrieb

Nachweisgrenze. Die NO_x Emissionen zeigen in den Betriebspunkten 2, 5, 7 und 10 hohe bis sehr hohe Werte an. In den übrigen Punkten liegen sie zwischen 0,6 g/kWh bis 1,0 g/kWh.

Beim Vergleich der Messung mit stöchiometrischem Betrieb mit der Messung mit überstöchiometrischem Betrieb wird die Wirkung und das Potenzial des neuen Brennverfahrens deutlich. Die im überstöchiometrischen Betrieb stellenweise sehr hohen NO_x-Emissionen können mit stöchiometrischem Betrieb teilweise vollständig im Drei-Wege-Katalysator konvertiert werden. Als Nachteil ist ein Anstieg der CO-Emissionen zu beobachten, der besonders beim Übergang in den zweiten Betriebspunkt deutlich in Erscheinung tritt. Die Höhe der CO-Emissionen ist in diesem Betriebspunkt auf den stöchiometrischen Betrieb in Verbindung mit einer geringen Temperatur der Abgasnachbehandlung infolge der langen Leerlaufphase davor zurückzuführen. Wegen der geringen Temperatur sinkt die Konvertierungsrate des Drei-Wege-Katalysators.

In **Tabelle 7.2** sind die Emissionsergebnisse und der Kraftstoffverbrauch für den gemischt stöchiometrischen ($\lambda = 1$) und vollständig überstöchiometrischen Betrieb ($\lambda > 1$) im WHSC-Prüfzyklus gegenübergestellt. Es handelt sich dabei um die Mittelwerte aus jeweils drei Messungen. Im

Tabelle 7.2: Vergleich gemischt stöchiometrischer ($\lambda = 1$) mit vollständig überstöchiometrischem Betrieb ($\lambda > 1$), spezifische Emissionen in g/kWh im Prüfzyklus WHSC, Mittelwerte aus jeweils drei Messungen

	CO	NO_x	HC	NH3 in ppm	Kraftstoffverbrauch
$\lambda = 1$	0,32	0,37	0,05	6	252
$\lambda > 1$	0,05	1,96	0,03	1	231
Grenzwert EU VI	1,50	0,40	0,13	10	-

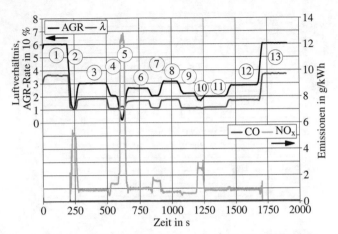

Abbildung 7.11: Vollständig überstöchiometrischer Betrieb im WHSC-Prüfzyklus

Vergleich zum vollständig überstöchiometrischem Betrieb sind die CO-Emissionen etwa um den Faktor sechs erhöht, liegen aber dennoch um etwa 80 % unterhalb des geforderten Grenzwertes. Der Grenzwert für die NO_x-Emissionen kann mit dem stöchiometrischen Betrieb trotz der oben beobachteten stellenweise nicht vollständigen Konvertierung um etwa 8 % unterschritten werden, während der Wert mit dem überstöchiometrischen Betrieb um etwa 500 % deutlich überschritten wird. Die HC-Emissionen unterschreiten für beide Betriebsarten jeweils den geforderten Grenzwert, zeigen jedoch für den stöchiometrischen Betrieb einen Anstieg an. Die NH_3-Emissionen verhalten sich ähnlich. Der Kraftstoffverbrauch steigt aufgrund des schlechteren Wirkungsgrades von 231 g/kWh im vollständig überstöchiometrischen um etwa 8 % auf 252 g/kWh im gemischt stöchiometrischen Betrieb an.

Im weiteren Vorgehen wird eine Optimierung zur Reduktion der NO_x-Emissionen im WHSC-Prüfzyklus vorgenommen und die Auswirkung auf die Emissionsergebnisse dargestellt. Die Ergebnisse aus Abbildung 7.10 auf der vorherigen Seite haben gezeigt, dass in den stöchiometrischen Betriebspunkten vereinzelt keine 100-prozentige Konvertierung der NO_x-Emissionen erreicht wird. Angesichts des großen Spielraums, die der CO-Grenzwert bietet, werden zur Verbesserung der NO_x-Konvertierungsrate die Werte des stationären Soll-Lambda-Kennfeldes in den ermittelten Betriebspunkten geringfügig in Richtung unterstöchiometrisch korrigiert. Die Konvertierungsrate der NO_x-Emissionen kann dadurch auf nahezu 100 % verbessert werden, eine Verschlechterung der CO-Konvertierungrate wird akzeptiert. Zusätzlich wird in den überstöchiometrischen Betriebspunkten eine Erhöhung der AGR-Rate vorgenommen und somit in diesen Punkten die NO_x-Emissionen verringert. Ausgangsbasis bilden die Werte der Applikation für EU VI. In **Abbildung 7.12 auf der nächsten Seite** sind die geänderten Werte der Optimierung und die Auswirkungen auf die Emissionen dargestellt. Im Vergleich zur Ausgangsbasis ist im Leerlaufpunkt die AGR-Rate auf etwa 70 %, in den übrigen Punkten um jeweils 10 % erhöht. Die CO-Emissionen zeigen in den überstöchiometrischen Punkten keine Veränderung, jedoch in den stöchiometrischen Punkten einen Anstieg, speziell in den Betriebspunkten zehn und elf

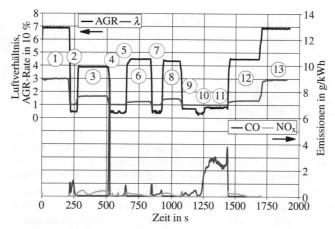

Abbildung 7.12: Optimierung des WHSC: Erhöhung der AGR-Rate in den überstöchiometrischen Betriebspunkten, Verstellung des Luftverhältnisses in Richtung
unterstöchiometrisch in den stöchiometrischen Betriebspunkten

bis auf den Wert von 3 g/kWh. Die NO_x-Emissionen werden in den überstöchiometrischen Betriebspunkten etwa um 50 % verringert. In den stöchiometrisch angefahrenen Punkten befinden
sich die NO_x-Emissionen mit der Optimierung in allen Punkten an der Nachweisgrenze. In
den überstöchiometrischen Betriebspunkten werden die NO_x-Emissionen aufgrund der verringerten Prozesstemperaturen infolge der höheren AGR-Rate gesenkt. Auf die CO-Emissionen
hat die gesteigerte AGR-Rate in diesen Punkten keinen Einfluss. In den stöchiometrischen Betriebspunkten steigt die Konvertierungsrate der NO_x-Emissionen angesichts der Verstellung des
Luftverhältnisses in Richtung unterstöchiometrisch auf nahezu 100 % an, die Konvertierungsrate
der CO-Emissionen sinkt entsprechend.

Tabelle 7.3: Vergleich gemischt stöchiometrischer ($\lambda = 1$) mit vollständig überstöchiometrischem Betrieb ($\lambda > 1$), spezifische Emissionen in g/kWh im Prüfzyklus WHSC,
Mittelwerte aus jeweils drei Messungen

	CO	NO_x	HC	NH3 in ppm	Kraftstoff- verbrauch
$\lambda = 1_{Ausgangsbasis}$	0,32	0,37	0,05	6	252
$\lambda = 1_{Optimierung}$	0,85	0,16	0,05	8	253
$\lambda > 1$	0,05	1,96	0,03	1	231
Grenzwert EU VI	1,50	0,40	0,13	10	-

In **Tabelle 7.3** sind die Gesamtemissionsergebnisse der Optimierung dargestellt. Die CO-Emissionen sind infolge der Optimierung um mehr als 100 % angestiegen, liegen jedoch weiterhin
um etwa 40 % unterhalb des geforderten Grenzwertes. Die NO_x-Emissionen können mit der
Optimierung um etwa 50 % verringert werden und liegen nun um 60 % unterhalb des Grenzwertes.

Die HC-Emissionen bleiben unverändert, die NH_3-Emissionen zeigen einen geringfügigen Anstieg. Der Kraftstoffverbrauch steigt aufgrund der Optimierung geringfügig um 1 g/kWh und ist nun etwa 9 % höher im Vergleich zum konventionellen überstöchiometrischen Betrieb. Als Zwischenergebnis für die Untersuchung des WHSC-Prüfzyklus mit gemischt stöchiometrischem Betrieb kann eine deutliche Unterschreitung der Grenzwerte für die Stickoxide für EU VI bei gleichzeitiger Einhaltung der übrigen Grenzwerte festgestellt werden. Demgegenüber steht ein Kraftstoffmehrverbrauch von etwa 9 %.

Zur Verringerung des Kraftstoffmehrverbrauchs wird ein verkleinerter Bereich mit stöchiometrischem Betrieb untersucht. Der stöchiometrische Betrieb soll so wenig wie möglich, jedoch so viel wie nötig eingesetzt werden, um weiterhin den Grenzwert für die NO_x-Emissionen zu unterschreiten. Die Grenze für den stöchiometrischen Betrieb wird stufenweise angehoben und in einem ersten Schritt die Punkte 9 und 11 des WHSC überstöchiometrisch betrieben (als Verringerung 1 bezeichnet). Im nächsten Schritt wird der Punkt 7 überstöchiometrisch betrieben (Verringerung 2). Den Abschluss bildet die Vermessung des Punktes 4 im überstöchiometrischen Betrieb, d. h. nur die Punkte 2, 5 und 10 werden im stöchiometrischen Betrieb angefahren (Verringerung 3). Für die Umstellung auf den konventionellen überstöchiometrischen Betrieb wird jeweils die AGR-Rate in den Betriebspunkten auf das Niveau einer Applikation für EU 5 angehoben. **Tabelle 7.4** zeigt die Emissionsergebnisse und den Kraftstoffverbrauch für die einzelnen Schritte. Gestartet wird bei der Optimierung mit einem Zeitanteil für den stöchiometri-

Tabelle 7.4: Vergleich gemischt stöchiometrischer ($\lambda = 1$) mit vollständig überstöchiometrischem Betrieb ($\lambda > 1$), spezifische Emissionen in g/kWh im Prüfzyklus WHSC, Mittelwerte aus jeweils drei Messungen

	Zeitanteil $\lambda = 1$; WHSC-Punkte	CO	NO_x	HC	NH3 in ppm	Kraftstoff-verbrauch
$\lambda = 1_{Optimierung}$	32 %; 2, 4, 5, 7, 9, 10, 11	0,85	0,16	0,05	8	253
$\lambda = 1_{Verringerung\ 1}$	22 %; 2, 4, 5, 7, 10	0,65	0,31	0,05	7	242
$\lambda = 1_{Verringerung\ 2}$	15 %; 2, 4, 5, 10	0,60	0,35	0,05	7	239
$\lambda = 1_{Verringerung\ 3}$	13 %; 2, 5, 10	0,48	0,37	0,04	6	237
$\lambda > 1$	-	0,05	1,96	0,03	1	231
Grenzwert EU VI	-	1,50	0,40	0,13	10	-

schen Betrieb von 32 % und einem Kraftstoffverbrauch von 253 g/kWh. Infolge des schrittweise verkleinerten Zeitanteils des stöchiometrischen Betriebs auf den Endwert von 13 % kann der Kraftstoffmehrverbrauch auf 237 g/kWh verringert werden, das entspricht einem Kraftstoffmehrverbrauch im Vergleich zum vollständig überstöchiometrischen Betrieb von etwa 2,5 %. Die Emissionsgrenzwerte werden weiterhin eingehalten. Der Grenzwert für die NO_x-Emissionen wird mit dem letzten Schritt um etwa 7 % unterschritten.

Mit diesem Ergebnis wird die Untersuchung des WHSC abgeschlossen. Zusammenfassend kann festgehalten werden, dass mit dem stöchiometrischen Brennverfahren die geforderten

Grenzwerte für EU VI eingehalten werden können und dabei ein Kraftstoffmehrverbrauch mit der hier vorgestellten Optimierung von 2,5 % ermittelt wird. Da für eine Zulassung die Emissionsgrenzwerte im WHSC- und WHTC-Prüfzyklus eingehalten werden müssen, wird im nächsten Abschnitt der WHTC in ähnlicher Form untersucht.

7.4.2 WHTC-Prüfzyklus

Der WHTC stellt den zweiten zu untersuchenden Prüfzyklus dar. Es handelt sich um einen instationären Zyklus mit hohen Anforderungen an die Motorregelung. **Abbildung 7.13** zeigt den Drehzahl- und Drehmomentverlauf des WHTC für den verwendeten Versuchsmotor. Die Kurve für das Drehmoment ist zweifarbig dargestellt, dunkelblau zeigt die mit stöchiometrischem und hellblau die mit überstöchiometrischem Betrieb angefahrenen Drehmomente. Die Umschaltgrenze von 150 Nm ist als rote Linie eingezeichnet, die wie beim WHSC den Ausgangspunkt der Untersuchungen darstellt. Zu Beginn werden die in Abschnitt 7.3 ab Seite 80 für die Aus-

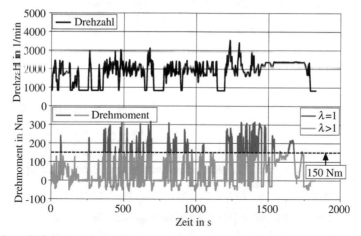

Abbildung 7.13: Drehzahl- und Drehmomentverlauf und Aufteilung in konventionellen über-stöchiometrischen ($\lambda > 1$) und stöchiometrischen Betrieb ($\lambda = 1$) im WHTC-Prüfzyklus

räumfunktion gemachten Erkenntnisse auf den Prüfzyklus übertragen und die Parameter weiter untersucht. Das Ziel ist eine Bestimmung der optimalen Parameter der Ausräumfunktion für den WHTC, die in den beiden folgenden Prüfzyklen ebenfalls verwendet werden. Dafür werden in mehreren Untersuchungsschritten die Parameter (Ausräumzeit, Ausräum-λ und Pausenzeit) variiert und der Einfluss auf das Gesamtemissionsergebnis des Zyklus ermittelt. Zur Vereinfachung des Versuchsablaufes wird dafür der WHTC als Warmstart vermessen.

Das Ergebnis der Untersuchung zeigt, dass die bereits ermittelten Erkenntnisse auf den Prüfzyklus übertragen werden können. Die Ausräumfunktion hat im WHTC einen verringernden Einfluss auf die NO_x-Emissionen, aber ein Anstieg der CO-Emissionen ist zu beobachten. Im Folgenden wird die Bestimmung der drei Parameter der Ausräumfunktion kurz erläutert. Die Analyse der Pausenzeit zeigt, dass schon kurzzeitige überstöchiometrische Phasen zu einem vollständigen Befüllen des Sauerstoffspeichers des Drei-Wege-Katalysators führen und für die Erreichung niedriger NO_x-Emissionen jedes Mal ein anschließendes Ausräumen notwendig ist. Damit nach jedem Wechsel die Sauerstoffausräumfunktion angewendet wird, wird die Pausenzeit auf null Sekunden festgelegt. Der geringfügige Anstieg der CO-Emissionen wird toleriert.

Die Variation des Ausräum-λ zeigt einen geringen Einfluss auf das Gesamtergebnis der NO_x-Emissionen und verringert sie für kleiner gewählte Werte nur gering. Dagegen zeigen die CO-Emissionen eine große Abhängigkeit vom Ausräum-λ und steigen bei kleiner gewählten Werten deutlich an. Die Erkenntnisse aus Abschnitt 7.3 ab Seite 80 können damit bestätigt werden. Bei Betrachtung aller ermittelten Ergebnisse wird als optimaler Wert ein Ausräum-λ von 0,95 bestimmt.

Anfangs wird bei der Variation der Ausräumzeit mit einem globalen Wert gearbeitet. Im Laufe der Versuche zeigt sich, dass aufgrund der Verbindung zum Abgasmassenstrom eine Parametrierung in Abhängigkeit von Last und Drehzahl zielführend ist. Verschiedene iterative Schritte führen zu einem guten Ergebnis. Im Anhang in **Tabelle A.16 auf Seite 145** sind die Ausräumzeiten für die Stützstellen inneres Drehmoment[1] und Drehzahl dargestellt. Mit diesen gewählten Einstellungen wird ein WHTC vermessen und mit den Ergebnissen eines WHTC ohne Ausräumfunktion verglichen. **Abbildung 7.14** zeigt den Verlauf der Emissionen von CO und NO_x im WHTC mit aktivierter und deaktivierter Ausräumfunktion. Aufgrund der häufigen Phasen mit kleinsten oder negativen Drehmomenten (Schleppphasen) wird eine Darstellung der Emissionen in g/h gewählt.

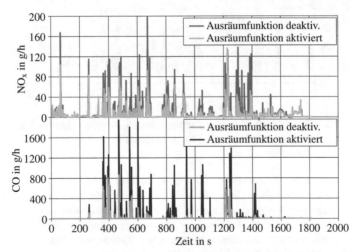

Abbildung 7.14: WHTC mit aktivierter und deaktivierter Ausräumfunktion, Warmstart, Pausenzeit = 0 s, Ausräum-λ = 0,95, Ausräumzeiten siehe Tabelle A.16 auf Seite 145

---

[1] Inneres Drehmoment im Steuergerät berechnet

Der obere Teil des Diagramms zeigt die NO_x-Emissionen über der Versuchszeit mit deaktivierter und aktivierter Ausräumfunktion. Aus der Gegenüberstellung wird deutlich, dass infolge der Ausräumfunktion die maximalen Werte der NO_x-Emissionen verringert werden. Im unteren Teil des Diagramms sind die CO-Emissionen über der Versuchszeit mit deaktivierter und aktivierter Ausräumfunktion dargestellt. Die Skalierung der Y-Achse wurde um den Faktor zehn angepasst. Infolge der Ausräumfunktion steigen die maximalen Werte der CO-Emissionen an.

In **Tabelle 7.5** sind die Emissionsergebnisse der beiden Messungen mit aktivierter und deaktivierter Ausräumfunktion und die Ergebnisse eines WHTC mit vollständig überstöchiometrischem Betrieb ($\lambda > 1$) dargestellt. Für die Vermessung in dieser Betriebsart wird die AGR-Rate auf die Werte einer EU-VI-Applikation angepasst. Die übrigen Parameter werden wie bereits beim WHSC vom stöchiometrischen Betrieb übernommen. Die CO-Emissionen zeigen bei aktiver

Tabelle 7.5: Vergleich gemischt stöchiometrischer ($\lambda = 1$) Betrieb mit aktivierter und deaktivierter Ausräumfunktion und mit vollständig überstöchiometrischem Betrieb ($\lambda > 1$), Warmstart, spezifische Emissionen in g/kWh im Prüfzyklus WHTC, Mittelwerte aus jeweils drei Messungen

	CO	NO_x	HC	NH3 in ppm	Kraftstoff- verbrauch
$\lambda = 1_{\text{Ausräumfunktion deaktiviert}}$	0,64	0,59	0,10	3	263
$\lambda = 1_{\text{Ausräumfunktion aktiviert}}$	2,20	0,35	0,10	7	263
$\lambda > 1$	0,04	3,04	0,01	0	234
Grenzwert EU VI	4,0	0,46	0,16	10	-

Ausräumfunktion mit über 300 % einen deutlichen Anstieg, unterschreiten jedoch weiterhin den Grenzwert um 30 %. Die NO_x-Emissionen überschreiten bei deaktivierter Ausräumfunktion den geforderten Grenzwert um etwa 30 % und unterschreiten ihn bei aktivierter Ausräumfunktion um etwa 25 %. Die HC-Emissionen zeigen keine Veränderung. Die NH_3-Emissionen zeigen einen Anstieg, aber halten weiterhin den geforderten Grenzwert ein. Der Kraftstoffverbrauch zeigt im Rahmen der Messgenauigkeit keine Differenz. Rechnerisch wird infolge der Ausräumfunktion ein Kraftstoffmehrverbrauch von 0,3 % ermittelt. Die Berechnung ist im Anhang im Abschnitt A.7.1 ab Seite 145 darstellt. Im Vergleich zum vollständig überstöchiometrischen Betrieb steigt der Kraftstoffverbrauch mit gemischt stöchiometrischem Betrieb um 11 %.

Der Vorgehensweise im WHSC-Prüfzyklus entsprechend wird auch im WHTC eine Optimierung zur Absenkung der NO_x-Emissionen durchgeführt. Für die konventionellen überstöchiometrischen Betriebspunkte bedeutet dies eine Erhöhung der AGR-Rate und für die stöchiometrischen Betriebspunkte wird die Konvertierungsrate des Drei-Wege-Katalysators für die NO_x-Emissionen infolge der Verstellung des Luftverhältnisses in Richtung unterstöchiometrisch erhöht. Übereinstimmend mit den Ergebnissen im WHSC können auch im WHTC mit der Optimierung die NO_x-Emissionen verringert werden.

Im Anschluss an die Optimierung wird zur Verringerung des Kraftstoffmehrverbrauches nach Vorbild des WHSC eine schrittweise Verringerung des Zeitanteils des stöchiometrischen Betriebs untersucht. Dies orientiert sich an den Schritten im WHSC. In **Tabelle 7.6** sind die Gesamtemissionsergebnisse dargestellt. Infolge der Optimierung wird der Grenzwert für die NO_x-Emissionen

Tabelle 7.6: Spezifische Emissionen in g/kWh im Prüfzyklus WHTC: Vergleich gemischt stöchiometrischer ($\lambda = 1$) mit vollständig überstöchiometrischem Betrieb ($\lambda > 1$), Warmstart, Mittelwerte aus jeweils drei Messungen

	Zeitanteil $\lambda = 1$; Drehmomentgrenze	CO	NO_x	HC	NH3 in ppm	Kraftstoffverbrauch
$\lambda = 1_{Optimierung}$	24 %; 150 Nm	2,18	0,16	0,11	9	265
$\lambda = 1_{Verringerung\ 1}$	18 %; 180 Nm	2,00	0,20	0,10	9	259
$\lambda = 1_{Verringerung\ 2}$	15 %; 210 Nm	1,94	0,38	0,11	8	255
$\lambda = 1_{Verringerung\ 3}$	13 %; 240 Nm	1,70	0,63	0,05	9	250
$\lambda > 1$	-	0,04	3,04	0,01	0	234
Grenzwert EU VI		4,00	0,46	0,16	10	-

um etwa 65 % unterschritten. Die übrigen Grenzwerte werden ebenfalls eingehalten. Der Zeitanteil des stöchiometrischen Betriebs liegt bei 24 %. Verglichen mit dem vollständig überstöchiometrischen Betrieb ist der Kraftstoffverbrauch etwa 12 % höher. Mit Verkleinerung des stöchiometrischen Betriebsbereiches auf 15 % (Verringerung 2) bei gleichzeitiger Einhaltung aller Grenzwerte kann der Kraftstoffmehrverbrauch auf etwa 8 % verringert werden. In der letzten untersuchten Stufe (Verringerung 3) mit einem Zeitanteil von 13 % wird der Grenzwert für die NO_x-Emissionen überschritten.

Den Abschluss der Untersuchung des WHTC-Prüfzyklus bildet die Kaltstartuntersuchung. Zur Ermittlung der Gesamtemissionen wird nach Gleichung (5.2) auf Seite 46 ein gewichteter Wert aus einem Kalt- und anschließendem Warmstart berechnet. Es wird die Konfiguration Verringerung 2, die Konfiguration mit dem geringsten Zeitanteil mit stöchiometrischem Betrieb bei gleichzeitiger Einhaltung der NO_x-Grenzwerte, verwendet. In **Tabelle 7.7** sind die Ergebnisse dargestellt. Für die Messung im Kaltstart fallen die jeweiligen Emissionswerte höher aus.

Tabelle 7.7: Vergleich stöchiometrischer ($\lambda = 1$) Betrieb als Kalt- und Warmstart, spezifische Emissionen in g/kWh im Prüfzyklus WHTC, Mittelwerte aus jeweils drei Messungen, Zeitanteil $\lambda = 1$: 15 %, Drehmomentgrenze 210 Nm

	CO	NO_x	HC	NH3 in ppm
$\lambda = 1_{Kalt}$	4,10	0,45	0,37	15
$\lambda = 1_{Warm}$	1,90	0,39	0,11	7
$\lambda = 1_{gewichtetes\ Ergebnis}$	2,20	0,40	0,14	8
Grenzwert EU VI	4,00	0,46	0,16	10

Der Grund liegt in dem anfangs noch nicht betriebswarmen Abgasnachbehandlungssystem, dieser Umstand führt zu verringerten Konvertierungsraten. Da diese Werte aber nur zu einem geringen Anteil in die Berechnung des Gesamtergebnisses eingehen, werden die Grenzwerte eingehalten.

Mit dem Abschluss des WHTC sind die Untersuchungen der Prüfzyklen am Prüfstand beendet. Im nächsten Abschnitt wird das stöchiometrischen Dieselbrennverfahren am Fahrzeugprüfstand untersucht. Der erste zu untersuchende Fahrzyklus ist der NEDC, gefolgt vom WLTC.

7.4.3 NEDC-Prüfzyklus

Die Untersuchung des NEDC mit dem stöchiometrischen Brennverfahren wird mit Hilfe des Versuchsfahrzeuges auf einem Fahrzeugprüfstand durchgeführt.[2] Die Einstellwerte dafür sind im Anhang in **Tabelle A.14 auf Seite 142** zu finden. Da die Ergebnisse der Versuche relativ großen Schwankungen unterworfen sind – aufgrund der im Rahmen der vorgebenden Grenzen erlaubten Abweichungen von der Fahrkurve resultieren von Versuch zu Versuch unterschiedliche Betriebspunkte – werden für die Darstellung der Ergebnisse die Mittelwerte aus jeweils 10 Messungen gebildet und Ausreißer nicht berücksichtigt. Der NEDC wird für den Pkw und Nkw analysiert. **Abbildung 7.15** zeigt die Geschwindigkeit und das innere Drehmoment über der Versuchszeit. Im oberen Teil des Diagramms sind die Geschwindigkeit und das innere

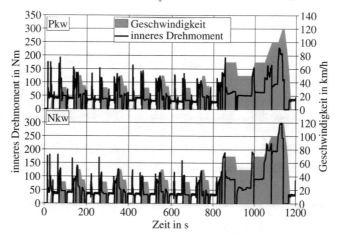

Abbildung 7.15: Geschwindigkeit und inneres Drehmoment[3]für den NEDC-Prüfzyklus, Pkw Schwungsmassenklasse: 3500 lbs, Nkw Schwungsmassenklasse: 5000 lbs

Drehmoment für den Pkw dargestellt. Aufgrund der geringen Beschleunigungs- und Geschwindigkeitsanforderungen sind die Werte des inneren Drehmoments im Vergleich zu den bisherigen Zyklen gering. Der Mittelwert beträgt 53 Nm. Das Maximum mit 230 Nm befindet sich auf dem

---

[2] Die Messdaten für diese Versuche wurden in Zusammenarbeit mit den am Projekt beteiligten Studenten Herrn Harder und Herrn Wittenburg erstellt und auch in ihren Arbeiten verwendet [135, 137]. Der Autor bedankt sich für ihre Unterstützung.

[3] Inneres Drehmoment im Steuergerät berechnet

letzten Geschwindigkeitshügel in der Beschleunigungsphase von 100 km/h auf 120 km/h. Im unteren Teil des Diagramms sind die Geschwindigkeit und das innere Drehmoment für den Nkw dargestellt. Die Werte des inneren Drehmoments liegen im Stadtteil des NEDC (Sekunde 0 bis Sekunde 800) unterhalb der des Pkw aufgrund der kürzeren Übersetzung des verwendeten Getriebes. Jedoch liegt der Mittelwert für den gesamten Zyklus mit 62 Nm höher angesichts der größeren Drehmomentanforderung im Überlandteil (Sekunde 800 bis Sekunde 1200). Das Maximum mit 295 Nm befindet sich ebenfalls auf dem letzten Geschwindigkeitshügel in der Beschleunigungsphase von 100 km/h auf 120 km/h.

Die im WHSC- und WHTC-Prüfzyklus gemachten Erkenntnisse und Ergebnisse fließen in die Untersuchung des NEDC-Prüfzyklus ein. Das bedeutet, dass die Sauerstoffausräumfunktion mit den im WHTC ermittelten Parametern und die optimierten AGR-Raten für den überstöchiometrischen Betrieb angewendet werden. Ähnlich der Vorgehensweise im WHSC und WHTC ist das Ziel, den stöchiometrischen Betrieb im NEDC so wenig wie möglich und so viel wie nötig anzuwenden. Nach mehreren iterativen Untersuchungsschritten mit Variation der Drehmomentgrenze wird der stöchiometrische Betrieb für den Pkw lediglich in der Beschleunigungsphase von 100 km/h auf 120 km/h angewendet. Im übrigen Fahrzyklus können die NO_x-Emissionen im konventionellen überstöchiometrischen Betrieb mit Hilfe der AGR verringert werden und somit der geforderte Grenzwert eingehalten werden. Für den Nkw wird ein ähnliches Ergebnis ermittelt. Dort fällt der Zeitanteil des stöchiometrischen Betriebs aufgrund der höheren Drehmomentanforderung minimal größer aus. In **Tabelle 7.8** sind die Ergebnisse für den Pkw und Nkw im NEDC dargestellt. Als Vergleich zwischen dem vollständig überstöchiometrischen und gemischt stöchiometrischen Betrieb sind die Zeitanteile des stöchiometrischen Betriebs und die Emissionsergebnisse dargestellt.

Tabelle 7.8: Ergebnisse im NEDC-Prüfzyklus, Vergleich gemischt stöchiometrischer ($\lambda = 1$) mit vollständig überstöchiometrischem ($\lambda > 1$) Betrieb, Kaltstart, Emissionen in g/km, Mittelwerte aus jeweils zehn Messungen

	Zeitanteil $\lambda = 1$; inn. Drehmomentgrenze	CO	NO_x	HC+NO_x	PM	PZ[4]	CO_2
Pkw							
$\lambda = 1$	1,5 %; 195 Nm	0,27	0,07	0,12	0,0009	2,3	146
$\lambda > 1$	-	0,17	0,12	0,18	0,0002	1,6	145
Grenzwert EU VI[5]	-	0,50	0,08	0,17	0,0045	6,0	-
Nkw							
$\lambda = 1$	2,4 %; 225 Nm	0,19	0,106	0,17	0,0043	4,8	230
$\lambda > 1$	-	0,14	0,315	0,327	0,0016	2,3	227
Grenzwert EU VI[6]	-	0,74	0,125	0,215	0,0045	6,0	-

---

[4] in 10^{11}
[5] Fahrzeugklasse M
[6] Fahrzeugklasse N1 III

Wegen der kurzen Anwendung des stöchiometrischen Betriebs lediglich in der letzten Beschleunigungsphase des NEDC fällt der Zeitanteil mit 1,5 % für den Pkw und 2,4 % für den Nkw gering
aus. Der Grenzwert für die Stickoxide wird um 13 % für den Pkw und um 15 % für den Nkw
unterschritten, gleichfalls alle übrigen Emissionsgrenzwerte. Der Kraftstoffmehrverbrauch mit
dem stöchiometrischen Betrieb ist entsprechend des geringen Zeitanteils niedrig und beträgt beim
Pkw etwa 1,0 % und beim Nkw etwa 1,5 %. Im nächsten Abschnitt wird das stöchiometrische
Brennverfahren im WLTC-Prüfzyklus untersucht.

7.4.4 WLTC-Prüfzyklus

Den Abschluss der Untersuchungen des stöchiometrischen Brennverfahrens in Prüfzyklen bildet
der Fahrzyklus WLTC.[7] Die Einstellwerte für den Prüfstand sind im Anhang in Tabelle A.14
auf Seite 142 zu finden. Ebenfalls werden für die Darstellung der Ergebnisse die Mittelwerte
aus jeweils 10 Messungen gebildet und Ausreißer nicht berücksichtigt. In Abschnitt 7.4.3 ab
Seite 93 konnte gezeigt werden, dass die Ergebnisse für den Pkw und den Nkw vergleichbar
sind, der Nkw aufgrund seines höheren Lastprofils die größere Herausforderung darstellt. Die
Ergebnisse für den Pkw im WLTC-Prüfzyklus liefern keine neuen Erkenntnisse und deshalb
wird im Folgenden nur auf die Ergebnisse des Nkw eingegangen. Abbildung 7.16 zeigt die
Geschwindigkeit und das innere Drehmoment über der Versuchszeit.

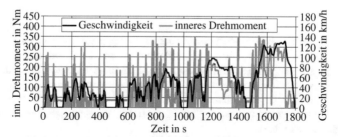

Abbildung 7.16: Geschwindigkeit und inneres Drehmoment für den WLTC-Prüfzyklus, Nkw
Schwungsmassenklasse: 6000 lbs

Im Vergleich zum NEDC liegt das Lastprofil aufgrund der höheren Schwungmassenklasse
deutlich höher. Der Mittelwert beträgt 98 Nm und der maximale Wert liegt bei 353 Nm. Ausgangspunkt für die Untersuchung bildet die Nkw-Konfiguration für den NEDC-Prüfzyklus. Wie
schon bei den vorigen Versuchen wird in mehreren iterativen Untersuchungsschritten die Drehmomentgrenze für den stöchiometrischen Betrieb bestimmt mit dem Ziel den stöchiometrischen
so wenig wie möglich und so viel wie nötig anzuwenden. **Tabelle 7.9 auf der nächsten Seite**
zeigt die Emissionsergebnisse. Wie in Abschnitt 5.4.2 ab Seite 46 erwähnt, wird sich an den
Grenzwerten vom NEDC orientiert. Im Vergleich zum NEDC fällt der Anteil des stöchiometrischen Betriebs im WLTC mit 23 % deutlich größer aus, da er infolge des höheren Lastprofils zur

---

[7] Die Messdaten für diese Versuche wurden in Zusammenarbeit mit dem am Projekt beteiligten Studenten Herrn
    Ramp erstellt und auch in seiner Arbeit verwendet [138]. Der Autor bedankt sich für seine Unterstützung.

Tabelle 7.9: Ergebnisse im WLTC-Prüfzyklus, Vergleich gemischt stöchiometrischer ($\lambda = 1$) mit vollständig überstöchiometrischem ($\lambda > 1$) Betrieb, Kaltstart, Emissionen in g/km, Mittelwerte aus jeweils zehn Messungen

	Zeitanteil $\lambda = 1$; inn. Drehmomentgrenze	CO	NO$_x$	HC+NO$_x$	PM	PZ in x 10^{11} #/km	CO$_2$
$\lambda = 1$	23 %; 185 Nm	0,544	0,106	0,184	0,0042	5,6	250
$\lambda > 1$	-	0,036	1,128	1,139	0,0023	2,4	229
EU VI N1 III	-	0,740	0,125	0,215	0,0045	6,0	-

Einhaltung der NO$_x$-Grenzwerte häufiger angewendet werden muss. Der Grenzwert für die NO$_x$-Emissionen wird um etwa 15 % unterschritten, der der übrigen Emissionen ebenfalls eingehalten. Infolge des erheblichen Zeitanteils des stöchiometrischen Betriebs ist der Kraftstoffverbrauch etwa 8 % höher im Vergleich zum vollständig überstöchiometrischen Betrieb.

7.5 Zusammenfassung der Erkenntnisse

Die Untersuchungen zum instationären Verhalten im ausschließlich stöchiometrischen Betrieb haben gezeigt, dass das externe Motorregelungssystem in der Lage ist, das geforderte Luftverhältnis zu regeln und somit hohe Konvertierungsraten des Abgasnachbehandlungssystem mit geringen Emissionen zu erreichen. Beim Übergang vom überstöchiometrischen in den stöchiometrischen Betrieb zeigte sich eine verzögerte NO$_x$-Konvertierung mit folglich erhöhten NO$_x$-Emissionen. Grund hierfür war der Sauerstoffspeicher des Drei-Wege-Katalysators, der bis zu seiner Leerung die Konvertierung der NO$_x$-Emissionen verringerte. Eine Sauerstoffausräumfunktion konnte erfolgreich vom Ottomotor adaptiert werden und führte zu einer Verringerung der NO$_x$-Emissionen beim Betriebsartenwechsel.

Im Rahmen der Untersuchung des stöchiometrischen Brennverfahrens in verschiedenen Prüfzyklen konnte der instationäre Betrieb erfolgreich am Motorprüfstand und im Versuchsfahrzeug darstellt werden. Das Emissionsminderungspotenzial und der Kraftstoffverbrauch wurden in den Prüfzyklen WHSC, WHTC, NEDC und WLTC untersucht. Zur Einhaltung der Grenzwerte bei gleichzeitig geringem Kraftstoffverbrauch erwies sich die Vorgehensweise, den stöchiometrischen Betrieb so wenig wie möglich und so viel wie nötig anzuwenden, als zielführend. Für die untersuchten Fahrzyklen konnten die Grenzwerte für die EU VI/6-Abgasgesetzgebung eingehalten werden. Je nach Last- und Drehzahlprofil der Prüfzyklen führt der gemischt stöchiometrische Betrieb zu unterschiedlichen Kraftstoffmehrverbräuchen. **Abbildung 7.17 auf der nächsten Seite** zeigt einen Vergleich der Last- und Drehzahlprofile aller untersuchten Prüfzyklen. Der NEDC für den Pkw hat ein sehr geringes Last- und Drehzahlprofil, so dass zur Einhaltung der Grenzwerte der stöchiometrische Betrieb auf ein Minimum reduziert werden kann und der Kraftstoffmehrverbrauch entsprechend gering ausfällt. Der NEDC für den Nkw hat ein geringfügig höheres Last- und Drehzahlprofil. Da sich lediglich der Wert der maximalen

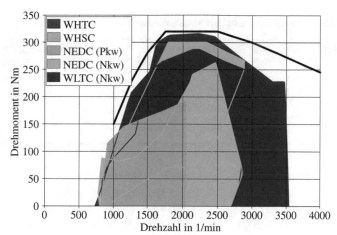

Abbildung 7.17: Vergleich Last- und Drehzahlprofile der untersuchten Prüfzyklen mit Volllastlinie des Versuchsmotors

Last erhöht und die Breite des Lastprofils annähernd unverändert bleibt, ist der Zeitanteil des
stöchiometrischen Betriebs nur marginal größer und der Kraftstoffmehrverbrauch entsprechend
marginal höher.

Die Zyklen WLTC, WHSC und WHTC haben ein deutlich größeres Last- und Drehzahlprofil,
wobei der WHSC von den drei Zyklen das kleinste Profil aufweist. Entsprechend größer ist
der Zeitanteil des stöchiometrischen Betriebs und demzufolge höher der Kraftstoffmehrverbrauch. **Tabelle 7.10 auf der nächsten Seite** zeigt abschließend die Ergebnisse der untersuchten
Prüfzyklen.

Tabelle 7.10: Ergebnisvergleich der untersuchten Prüfzyklen

Prüfzyklus	Zeitanteil $\lambda = 1$	Unterschreitung NO_x-Grenzwert EU6/VI	Grenzwerte eingehalten	Kraftstoffmehr-verbrauch[8]
WHSC	15,0 %	12 %	√	5,0 %
WHTC	15,0 %	13 %	√	8,0 %
NEDC (Pkw)	1,5 %	12 %	√	1,0 %
NEDC (Nkw)	2,4 %	15 %	√	1,5 %
WLTC (Nkw)	23,0 %	15 %	√	8,0 %

---

[8] im Vergleich zum konventionellem überstöchiometrischen Betrieb

8 Beladungs- und Regenerationsverhalten des Partikelfilters in stöchiometrischem Betrieb

Wie Abbildung 6.2 auf Seite 54 gezeigt hat, steigen infolge des stöchiometrischen Betriebs die Rußrohemissionen signifikant an. Der Partikelfilter kann diese Emissionen reduzieren und weist dabei einen Abscheidegrad von nahezu 100 % auf. Auf diese Weise werden die geforderten Grenzwerte für die Partikel in den Prüfzyklen eingehalten, die Ergebnisse in Abschnitt 7.4.3 ab Seite 93 belegen dies. Infolge der erhöhten Rußrohemissionen steigt jedoch die Partikelfilterbeladung an und führt zu einem erhöhten Abgasgegendruck. Dem schnelleren Anstieg muss mit einem verkürzten Regenerationsintervall des Partikelfilters begegnet werden, welches sich negativ auf den Kraftstoffverbrauch und die Emissionen auswirkt (siehe Abschnitt 2.3.7 ab Seite 27). Für die Bewertung des stöchiometrischen Brennverfahrens ist daher die Analyse der Mehrbeladung des Partikelfilters und die beobachtete passive Regeneration von Bedeutung. Als Abschluss der Untersuchungen des stöchiometrischen Brennverfahrens wird deshalb in diesem Kapitel auf das Beladungs- und Regenerationsverhalten des Partikelfilters eingegangen. Wie einleitend in Abschnitt 5.5 ab Seite 47 beschrieben, werden dafür zwei unterschiedliche Methoden verwendet.

Im ersten Teil wird der erhöhte Rußeintrag in den Partikelfilter in zwei verschiedenen Prüfzyklen anhand des Druckverlustes quantifiziert und mit den Ergebnissen des vollständig überstöchiometrischen Betriebs verglichen. Nachdem der Rußeintrag quantifiziert ist, werden Maßnahmen zur Minderung der Rußemissionen diskutiert und die Auswirkungen auf den Rußeintrag anhand des Druckverlustes ermittelt. Diese schnelle, aber auch ungenaue Methode stellt die Basis für den zweiten Teil dar, in dem der Rußeintrag mittels der aufwendigeren gravimetrischen Bestimmung der Rußmasse im Partikelfilter quantifiziert und das Ergebnis dem Ergebnis der Druckverlustuntersuchung gegenübergestellt und diskutiert wird. Zusätzlich wird in zwei weiteren Prüfzyklen der Rußeintrag in den Partikelfilter mit dieser Methode ermittelt.

Im dritten und letzten Teil wird das Regenerationsverhalten des Partikelfilters untersucht. Den Kernpunkt bildet die Diskussion der in der Literatur vorgestellten passiven thermischen Regeneration des Partikelfilters im stöchiometrischen Betrieb (siehe Abschnitt 3 ab Seite 31).

8.1 Bewertung des Beladungsverhaltens mittels Druckverlust über Partikelfilter

Anhand des Druckverlusts wird der Rußeintrag in den Partikelfilter in den Prüfzyklen WHSC und WHTC untersucht.[1] In Abschnitt 5.5 ab Seite 47 ist die Vorgehensweise für die Versuche beschrieben. Die Grenze für die Umschaltung in den stöchiometrischen Betrieb befindet sich bei

---

[1] Die Messdaten für diese Versuche wurden in Zusammenarbeit mit den am Projekt beteiligten Studenten Herrn Steinberg und Herrn Wittenburg erstellt und auch in ihren Arbeiten verwendet [136, 137]. Der Autor bedankt sich für ihre Unterstützung.

© Springer Fachmedien Wiesbaden GmbH, ein Teil von Springer Nature 2018
C. Kröger, *Stöchiometrisches heterogenes Dieselbrennverfahren im stationären und instationären Motorbetrieb*, AutoUni – Schriftenreihe 125, https://doi.org/10.1007/978-3-658-22501-8_8

150 Nm. **Abbildung 8.1** zeigt beispielhaft die Ergebnisse einer Messung für den WHSC- und WHTC-Prüfzyklus. Es wird der Verlauf des Druckverlusts für eine Messung mit vollständig

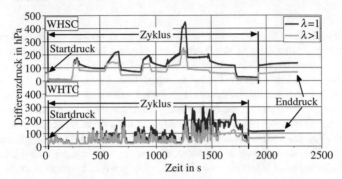

Abbildung 8.1: Verlauf Druckverlust über Partikelfilter im WHSC- und WHTC-Prüfzyklus, Ermittlung des Rußeintrags anhand der Differenz des Druckverlusts

überstöchiometrischem mit einer mit gemischt stöchiometrischem Betrieb für den WHSC- und WHTC-Prüfzyklus verglichen. Die Ermittlung der Differenz des Druckverlusts über Partikelfilter wird mittels des eingezeichneten Ausgangsdruckverlusts (Startdruck) und des Enddruckverlusts (Enddruck) des zusätzlichen Betriebspunktes sowie des eigentlichen Zyklus veranschaulicht. Zu Beginn der Zyklen liegen die Kurven der Druckverluste für beide Betriebsarten übereinander. Im Laufe der Versuchszeit ist zu erkennen, dass die Kurve des gemischt stöchiometrischen Betriebs einen höheren Druckverlust in den einzelnen Betriebspunkten aufzeigt und sich somit eine Differenz zur Kurve mit vollständig überstöchiometrischem Betrieb ergibt. Am Ende der Messung ist die Differenz zwischen den beiden Druckverlustwerten zu erkennen. Die Differenz zwischen Startdruck und Enddruck ergibt den Anstieg des Druckverlusts und ist ein Maß für die Rußeinlagerung in den Partikelfilter. **Abbildung 8.2** zeigt die ermittelten Ergebnisse für den WHSC- und WHTC-Prüfzyklus.[2] Das Diagramm zeigt den Vergleich zwischen dem vollständig

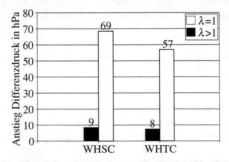

Abbildung 8.2: Vergleich Rußeintrag im WHSC- und WHTC-Prüfzyklus mittels Druckverlust über Partikelfilter, Mittelwerte aus jeweils drei Messungen

---

[2] Die Ermittlung der Ergebnisse wurde in Abschnitt 5.5 ab Seite 47 beschrieben.

überstöchiometrischen und dem gemischt stöchiometrischen Betrieb. Für den WHSC-Prüfzyklus steigt die Beladung des Partikelfilters aufgrund des stöchiometrischen Betriebs etwa um den Faktor 7,7 und für den WHTC etwa um den Faktor 7,1 an. Folglich führt der stöchiometrische Betrieb aufgrund seiner erhöhten Rußemissionen zu einer signifikanten Zunahme der Beladung des Partikelfilters.

Nachdem die Bestimmung des Ausgangszustandes für die Rußbeladung erfolgt ist, werden im nächsten Schritt Maßnahmen zur Verringerung der gezeigten Mehrbeladung untersucht. Dafür wird der Einfluss von vier Parametern auf die Rußemissionen im stöchiometrischen Betrieb betrachtet und optimierte Werte festgelegt. Anschließend wird mit den optimierten Parametern die Rußbeladung in den beiden Zyklen erneut ermittelt und mit den vorigen Ergebnissen verglichen. Die betrachteten Parameter sind im einzelnen:

- Voreinspritzung
- Schwerpunktlage der Verbrennung
- Einspritzdruck
- Abgasrückführung

Die Resultate der Parametervariation werden beispielhaft für den Betriebspunkt zehn des WHSC-Prüfzyklus (n = 1788 1/min und Md = 300 Nm) dargestellt und diskutiert. In **Abbildung 8.3 auf der nächsten Seite** sind die Ergebnisse für den Rußmassenstrom und die Rußzahl dargestellt. **Abbildung 8.3a auf der nächsten Seite** zeigt die Variation der Anzahl der Voreinspritzungen. Zusätzlich ist der Zylinderdruckgradient eingezeichnet. Die Verringerung von zwei auf eine Voreinspritzung senkt den Rußmassenstrom signifikant. Der Druckgradient zeigt dabei einen Anstieg um etwa 15 %. Ein vollständiger Verzicht auf eine Voreinspritzung führt zu keiner weiteren Verbesserung der Rußemissionen, der Druckgradient zeigt einen weiteren Anstieg. Infolge der verringerten Anzahl der Voreinspritzungen wird der Zeitanteil der vorgemischten Verbrennung vergrößert und die lokal unterstöchiometrischen Bereiche werden verringert, die Rußbildung verringert sich infolge dessen (siehe auch Abschnitt 2.3.6 ab Seite 15). Der Nachteil ist ein Anstieg des Druckgradienten, der zu höheren Geräusch- und NO_x-Rohemissionen führt. An der Messstelle nach Drei-Wege-Katalysator wird jedoch kein Anstieg der NO_x-Emissionen gemessen. Der geringfügige Anstieg der Geräuschemissionen wird der Verringerung der Rußrohemssionen nachgeordnet. Die bisher gewählte Applikation sieht im stöchiometrischen Kennfeldbereich zwei Voreinspritzungen für den unteren Lastbereich und eine Voreinspritzung im oberen Lastbereich vor. Für die optimierte Applikation wird zur Verringerung der Rußrohemissionen für den gesamten stöchiometrischen Kennfeldbereich die Anzahl der Voreinspritzungen auf eins festgelegt.

Abbildung 8.3b auf der nächsten Seite zeigt die Variation der Schwerpunktlage der Verbrennung. Zusätzlich ist der spezifische Kraftstoffverbrauch dargestellt. Die Verschiebung der Schwerpunktlage Richtung OT führt zu einer Verringerung der Rußrohemissionen. Der Kraftstoffverbrauch zeigt bei einer Schwerpunktlage von sechs bis acht Grad Kurbelwinkel n. OT den niedrigsten Wert. Die Verringerung der Rußrohemissionen bei Verschiebung der Schwerpunktlage in Richtung OT ist analog zu der Anzahl der Voreinspritzungen auf die Vergrößerung des Anteils der vorgemischten Verbrennung und somit der Verringerung der lokal unterstöchiometrischen Bereiche zurückzuführen. Der Einfluss auf die Geräusch- und NO_x-Rohemissionen wird

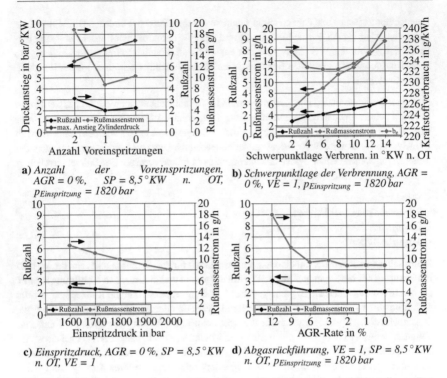

a) *Anzahl der Voreinspritzungen, AGR = 0 %, SP = 8,5 °KW n. OT, $p_{Einspritzung}$ = 1820 bar*

b) *Schwerpunktlage der Verbrennung, AGR = 0 %, VE = 1, $p_{Einspritzung}$ = 1820 bar*

c) *Einspritzdruck, AGR = 0 %, SP = 8,5 °KW n. OT, VE = 1*

d) *Abgasrückführung, VE = 1, SP = 8,5 °KW n. OT, $p_{Einspritzung}$ = 1820 bar*

Abbildung 8.3: Parametervariation zur Verringerung der Rußemissionen, Messstelle vor Partikelfilter, n = 1788 1/min, Md = 300 Nm (Betriebspunkt zehn im WHSC-Prüfzyklus), λ = 0,997

hier ebenfalls vernachlässigt. Die bisher gewählte Applikation sieht im stöchiometrischen Kennfeldbereich eine Schwerpunktlage der Verbrennung von zwölf Grad Kurbelwinkel n. OT vor. Für die optimierte Applikation wird zur Verringerung der Rußrohemissionen eine Schwerpunktlage von acht Grad Kurbelwinkel n. OT im stöchiometrischen Kennfeldbereich festgelegt. An der Messstelle nach Drei-Wege-Katalysator ist kein Einfluss auf die NO_x-Emissionen zu erkennen.

Abbildung 8.3c zeigt die Variation des Einspritzdruckes. Mit Anstieg des Einspritzdruckes ist eine Verringerung der Rußrohemissionen zu beobachten. Aufgrund des höheren Einspritzdruckes wird der Gemischbildung mehr Energie bereitgestellt und somit die Homogenisierung des Luft-Kraftstoff-Gemisches erhöht. Zusätzlich wird der Anteil der vorgemischten Verbrennung vergrößert, der ebenfalls die Anzahl lokal unterstöchiometrischen Bereiche verringert (siehe auch Abschnitt 2.3.6 ab Seite 15). Die bisher gewählte Applikation sieht im stöchiometrischen Kennfeldbereich in Abhängigkeit von Last und Drehzahl einen Einspritzdruck von 1500 bar bis 2000 bar vor. Für die optimierte Applikation wird zur Verringerung der Rußrohemissionen der Einspritzdruck auf 2000 bar im stöchiometrischen Kennfeldbereich festgelegt.

Abschließend zeigt **Abbildung 8.3d auf der vorherigen Seite** die Variation der AGR-Rate. Wie bereits in Abbildung 6.8a auf Seite 62 festgestellt, führt die Erhöhung der AGR-Rate zu einem Anstieg der Rußrohemissionen. Grund dafür ist die Erhöhung der Anzahl der lokalen unterstöchiometrischen Bereiche, die die Rußbildung erhöhen (siehe auch Abschnitt 2.3.6 ab Seite 16). Die bisher gewählte Applikation sieht im unteren Lastbereich des stöchiometrischen Kennfeldbereiches eine AGR-Rate von maximal 5 % vor. Da an der Messstelle nach Drei-Wege-Katalysator kein signifikanter Einfluss auf die NO_x-Emissionen zu erkennen ist, wird für die optimierte Applikation zur Verringerung der Rußemissionen auf die AGR im stöchiometrischen Kennfeldbereich vollständig verzichtet.

Eine weitere Rußminderungsmaßnahme ist die Verkleinerung des stöchiometrischen Kennfeldbereiches. Wie in Abschnitt 7.4.1 ab Seite 84 und Abschnitt 7.4.2 ab Seite 89 vorgestellt, ist eine Verkleinerung des stöchiometrischen Kennfeldbereiches bei gleichzeitiger Einhaltung der geforderten Grenzwerte möglich. Für die optimierte Applikation wird der Bereich des stöchiometrischen Betriebs verkleinert und die Drehmomentgrenze für die Prüfzyklen WHSC und WHTC auf 210 Nm festgelegt.

Mit den vorgestellten Parametern der optimierten Applikation wird anschließend die Rußbeladung anhand des Druckverlusts im WHSC- und WHTC-Prüfzyklus erneut ermittelt. **Abbildung 8.4** zeigt die Ergebnisse. Es sind die Ergebnisse für den vollständig unterstöchiometrischen

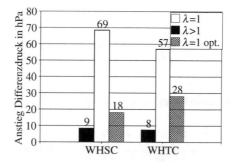

Abbildung 8.4: Vergleich Rußeintrag mittels Druckverlust über Partikelfilter im Prüfzyklus WHSC und WHTC, gemischt stöchiometrischer Betrieb, optimierte Parameter

den gemischt stöchiometrischen sowie den optimierten gemischt stöchiometrischen Betrieb ($\lambda = 1_{opt.}$) dargestellt. Mit der optimierten Applikation kann der Rußeintrag in den Partikelfilter signifikant gesenkt werden und die Ergebnisse zeigen, dass die aus der Literatur bekannten Maßnahmen zur Rußreduzierung beim konventionell überstöchiometrisch betriebenen Dieselmotor (siehe z. B. [1, 37]) ebenfalls im stöchiometrischem Betrieb die Rußemissionen senken. Für den WHSC-Prüfzyklus verringert sich die Beladung des Partikelfilters aufgrund des stöchiometrischen Betriebs um den Faktor 2 und für den WHTC um den Faktor 3,5.

Tabelle 8.1 auf der nächsten Seite zeigt die Ergebnisse für die Emissionen. Für die Schadstoffemissionen ist mit der optimierten Applikation kein signifikanter Unterschied festzustellen. Die

Tabelle 8.1: Darstellung der Emissionen in g/kWh für den vollständig überstöchiometrischen, den gemischt stöchiometrischen sowie den optimierten gemischt stöchiometrischen Betrieb, Mittelwerte aus jeweils drei Messungen

		CO	NO_x	HC	NH3 in ppm	Kraftstoff- verbrauch
WHSC	$\lambda > 1$	0,05	1,96	0,03	1	231
	$\lambda = 1$	0,85	0,16	0,05	8	253
	$\lambda = 1_{opt.}$	0,78	0,22	0,02	8	252
	Grenzwert EU VI	1,50	0,40	0,13	10	-
WHTC	$\lambda > 1$	0,04	3,04	0,01	0	234
	$\lambda = 1$	1,94	0,38	0,11	8	255
	$\lambda = 1_{opt.}$	2,12	0,39	0,10	9	259
	Grenzwert EU VI	4	0,46	0,16	10	-

erkennbaren Unterschiede bewegen sich im Rahmen der Messschwankungen. Die Änderung der Rohemissionen aufgrund der verstellten Parameter haben demnach keinen Einfluss auf die Emissionen nach Drei-Wege-Katalysator. Im WHSC-Prüfzyklus ist zudem keine signifikante Änderung des Kraftstoffverbrauch erkennbar, was überraschend ist. Im WHTC-Prüfzyklus steigt der Kraftstoffverbrauch mit der optimierten Applikation geringfügig an. Da der Druckverlust über Partikelfilter nur ansatzweise den Rußeintrag in den Partikelfilter wiedergeben kann, werden im nächsten Abschnitt die mit Hilfe der Druckverlustuntersuchung ermittelten Rußeinträge einer Rußmassenbestimmung gegenübergestellt und diskutiert.

8.2 Bewertung des Beladungsverhaltens mittels Rußmasse

In diesem Abschnitt wird der Rußeintrag in den Partikelfilter mittels Massenbestimmung untersucht.[3] Die Messungen werden in den Prüfzyklen WHSC, WHTC, NEDC und WLTC durchgeführt; die Vorgehensweise ist in Abschnitt 5.5 ab Seite 47 beschrieben. Die im vorigen Abschnitt ermittelte optimierte Applikation mit verringerten Rußrohemissionen wird hier bereits zu Beginn angewendet und es wird keine Optimierung durchgeführt. Zur Veranschaulichung der Vorgehensweise und Ermittlung der Rußbeladung zeigt **Abbildung 8.5 auf der nächsten Seite** als Beispiel das Ergebnis einer Messung nach einem WLTC-Prüfzyklus mit der dazugehörigen vorhergehenden Regeneration. Es sind die Kurvenverläufe der Masse des Partikelfilters in Abhängigkeit der Temperatur an der Messstelle außen im Partikelfilter dargestellt. Da der Partikelfilter während der Messung abkühlt, sind die Werte der Abszissenachse absteigend angeordnet. Die untere Kurve zeigt den Verlauf der Masse nach der Regeneration. Die ersten Messpunkte zeigen einen annähernd linearen Kurvenverlauf. Zwischen den Temperaturen 400 °C und 250 °C sinkt der Wert der Masse um 1,4 g und steigt danach wieder an. Ab einer Temperatur von etwa 150 °C

---

[3] Die Messdaten für diese Versuche wurden in Zusammenarbeit mit den am Projekt beteiligten Studenten Herrn Ramp und Herrn Wittenburg erstellt und auch in ihren Arbeiten verwendet [137, 138]. Der Autor bedankt sich für ihre Unterstützung.

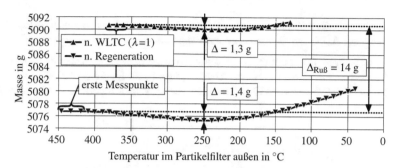

Abbildung 8.5: Masse des Partikelfilters in Abhängigkeit der Temperatur, Messung nach einer Regeneration und nach einem WLTC-Prüfzyklus, Temperaturmessstelle im Partikelfilter außen

steigt der Wert der Masse annähernd linear bis zum Ende der Messung an und überschreitet den Wert vom Beginn der Messung. Der Verlauf der Kurve der Wägung nach dem WLTC-Prüfzyklus zeigt ein ähnliches Verhalten. Aufgrund der geringeren Abgastemperaturen im Zyklus startet die Kurve erst bei einer Temperatur von etwa 380 °C. Die ersten Messpunkte zeigen ebenfalls einen linearen Verlauf. Das Minimum befindet sich bei einer Temperatur von 250 °C und zeigt eine Differenz zum Beginn der Messung von 1,3 g. Danach ist ein Anstieg der Kurve bis zum Ende der Messung erkennbar und der Anfangswert wird überschritten.

Wie in Abschnitt 5.5 ab Seite 47 beschrieben, beruht das Messprinzip der verwendeten Waage auf Dehnungsmessstreifen. Das beobachtete Absinken der Werte nach den ersten Messpunkten wird mit einem Temperatureinfluss der Dehnungsmessstreifen erklärt. Ungeachtet des hängenden Messaufbaus und des Isolationsmaterials zwischen Waage und Partikelfilter steigt die Temperatur an der Messstelle unterhalb der Waage während jeder Messung um etwa 10 °C an und kann somit die Dehnungsmessstreifen und das Ergebnis beeinflussen. Ein modifizierter Messaufbau, bei dem sich der Partikelfilter direkt auf der Waage befindet, zeigt aufgrund der größeren Strahlungswärme bei den gleichen Versuchen eine noch stärkere Verringerung der Masse. Der Verlauf der Kurven ist gleichartig, die Gewichtsdifferenz liegt dort bei etwa 10 g, statt 1,3 g bzw. 1,4 g. Der bei den Messungen zu beobachtende annähernd lineare Anstieg der Masse ab etwa 150 °C bis zum Ende der Messung wird mit der Einlagerung von Bestandteilen aus der Umgebungsluft, wie z. B. Wasser, begründet und verfälscht ebenfalls das Ergebnis.

Die Ergebnisse verdeutlichen, dass die Massenbestimmung mittels einer Wägung Quereinflüssen unterworfen ist. Weiterhin ergeben sich nach den einzelnen Prüfzyklen aufgrund der verschiedenen Last- und Drehzahlprofile unterschiedliche Temperaturen innerhalb des Partikelfilters. Ein Massenvergleich bei gleichen Temperaturen mit identischen Zeitstempeln ist daher nicht möglich. für die Ermittlung der Differenz wird sich anhand der Erkenntnisse aus den Verläufen der Kurven in Abbildung 8.5 für die Verwendung der Messwerte während der ersten drei Messpunkte (bei denen die Kurve der Masse konstant verläuft) mit annähernd gleichen Zeitstempeln für die jeweilige Messung und gegen eine Bestimmung der Differenz bei gleichen Temperaturen entschieden.

Die Bestimmung der Differenz und somit die Ermittlung der eingelagerten Rußmasse ($\Delta_{Ruß}$) ist in Abbildung 8.5 auf der vorherigen Seite veranschaulicht.

Nachdem die Ermittlung der Rußmasse diskutiert wurde, werden im Folgenden die Ergebnisse für die einzelnen Prüfzyklen vorgestellt. **Abbildung 8.6** zeigt die Ergebnisse der Wägung für die Prüfzyklen WHSC, WHTC und NEDC. Es ist jeweils der Vergleich zwischen dem vollständig

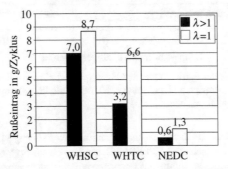

Abbildung 8.6: Rußeintrag in den Partikelfilter in den Prüfzyklen WHSC, WHTC und NEDC, Bestimmung mittels Wägung

überstöchiometrischen und dem gemischt stöchiometrischen Betrieb dargestellt. Im WHSC-Prüfzyklus steigt die Beladung des Partikelfilters infolge des stöchiometrischen Betriebs etwa um den Faktor 1,25, im WHTC und NEDC etwa um den Faktor 2 an. Im Vergleich zu den Ergebnissen mittels Druckverlust über Partikelfilter ist eine Differenz zu erkennen und die tatsächliche Beladung mit Ruß fällt geringer aus als zuvor anhand des Anstiegs des Druckverlustes abgeschätzt. Für den WHSC-Prüfzyklus wurde anhand des Druckverlustes eine Mehrbeladung um den Faktor 2 abgeschätzt, bei der Wägung wird eine tatsächliche Mehrbeladung etwa um 1,25 festgestellt. Für den WHTC-Prüfzyklus wurde anhand des Druckverlustes eine Mehrbeladung um den Faktor 3 abgeschätzt, die Wägung ermittelt eine tatsächliche Mehrbeladung um den Faktor 2. Da der NEDC aus Gründen der Verringerung des Versuchsumfangs mittels der Druckverlustmethode nicht untersucht wurde, kann für diesen Zyklus kein Vergleich angestellt werden.

Die Differenzen der Ergebnisse der beiden Methoden zur Bestimmung der Rußbeladung können mit dem nicht linearen Gegendruckverhalten des Partikelfilters bei der Rußeinlagerung begründet werden [179–181]. Die Rußbeladung eines keramischen Wabenfilters wird in zwei Bereiche aufgeteilt. Zu Beginn der Beladung wird der Druckverlust im Wesentlichen durch die Einlagerung von Ruß in die Filterwand bestimmt, die so genannte Tiefenfiltration. Im zweiten Bereich ist der Druckverlust durch die Anlagerung des Rußes an die Filterwand bestimmt, die so genannte Oberflächenfiltration oder auch Kuchenbildung. Der Anstieg des Gegendruck verhält sich dabei nicht linear zur Masse des eingelagerten Rußes. Die in [28] zu findenden quantitativen Angaben zur Abhängigkeit von Rußbeladung und Druckverlust über Partikelfilter sind nicht einheitlich und weichen etwa um den Faktor 2 bis 10 von den in dieser Arbeit ermittelten ab.

Aufgrund eines abweichenden Verhaltens wird das Beladungsverhalten im Fahrzyklus WLTC gesondert betrachtet. Während der Fahrzeugprüfstandsversuche wurde anhand des Druckverlustes keine Mehrbeladung des Partikelfilters festgestellt und diese Beobachtung wird im Folgenden mittels einer Wägung überprüft. Zur Untersuchung der Rußbeladung werden mehrere WLTC-Prüfzyklen hintereinander vermessen und die eingelagerte Rußmasse in den Partikelfilter nach einem, zwei, vier, acht und zwölf Zyklen bestimmt. Die Untersuchung wird mit einem regenerierten Partikelfilter begonnen und zum einen mit dem vollständig überstöchiometrischen und zum anderen mit dem gemischt stöchiometrischen Betrieb durchgeführt. In **Abbildung 8.7** sind die Ergebnisse dargestellt. Bei vollständig überstöchiometrischem Betrieb ($\lambda > 1$) ist der

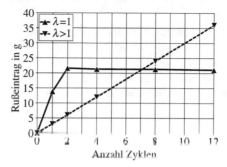

Abbildung 8.7: Rußeintrag in den Partikelfilter im Prüfzyklus WLTC: Vergleich vollständig überstöchiometrischen ($\lambda > 1$) mit gemischt stöchiometrischem ($\lambda = 1$) Betrieb

Partikelfilter nach einem Prüfzyklus mit 3 g Ruß beladen. Dagegen fällt die Beladung beim gemischt stöchiometrischen Betrieb ($\lambda = 1$) nach einem Zyklus mit 13,8 g signifikant höher aus. Das bedeutet eine Mehrbeladung etwa um den Faktor vier. Während sich beim vollständig überstöchiometrischen Betrieb die Masse des Rußeintrages mit jedem Zyklus linear um 3 g erhöht, ist beim gemischt stöchiometrischen Brennverfahren bereits nach dem zweiten Zyklus kein Anstieg der Beladung und überdies bei den weiteren Zyklen eine minimale Verringerung der Beladung zu beobachten. Unter Voraussetzung eines linearen Beladungsverhaltens des Partikelfilters müsste nach dem zweiten Zyklus die Masse des Rußeintrages für den gemischt stöchiometrischen Betrieb 27,6 g betragen. Es wird jedoch ein Wert von 21,6 gemessen und demnach ergibt sich eine Differenz von 6 g. Folglich wird während des zweiten Zyklus durch eine thermische Regeneration im Partikelfilter 6 g Ruß oxidiert und ab dem dritten Zyklus stellt sich ein Gleichgewichtszustand aus eingelagertem und oxidiertem Ruß ein.

Mit Hilfe der Temperatur an der Messstelle nach Partikelfilter wird die thermische Regeneration näher untersucht. In **Abbildung 8.8 auf der nächsten Seite** sind die Verläufe der Temperatur nach Partikelfilter und der Rußeintrag über die Zeit für die zwölf WLTC-Prüfzyklen dargestellt. Die Zyklusnummer ist im oberen Bereich des Diagramms zu finden. Während der ersten drei Prüfzyklen ist ein Anstieg der maximalen Temperatur an der Messstelle nach Partikelfilter zu beobachten, ab dem dritten Zyklus ist die maximale Temperatur annähernd konstant. Der Temperaturverlauf kann mit der exothermen Rußoxidation im Partikelfilter begründet werden,

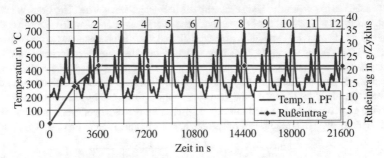

Abbildung 8.8: Verlauf der Temperatur und des Rußeintrags in den Partikelfilter über 12
WLTC-Prüfzyklen

die für eine erkennbare Reaktion eine gewisse Rußmasse im Partikelfilter benötigt und somit
entsprechend der Rußmasse im Partikelfilter bis zum Erreichen des Gleichgewichtszustands
ansteigt.

Für eine weitere Analyse werden in **Abbildung 8.9** die Temperaturen vor und nach Partikelfilter
und das Luftverhältnis über der Zeit betrachtet. Das Diagramm zeigt als Ausschnitt das Ende des

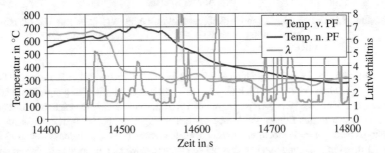

Abbildung 8.9: Temperaturen vor und nach Partikelfilter und Luftverhältnis während des
Endes des achten WLTC-Prüfzyklus

achten WLTC-Prüfzyklus. Die Kurve des Luftverhältnisses zeigt an, dass nach einer längeren
stöchiometrischen Phase (Sekunde 14400 bis Sekunde 14450) eine Phase mit überstöchiometrischem bzw. Schubbetrieb folgt (ab Sekunde 14450). Die Temperaturen vor und nach Partikelfilter
befinden sich im stöchiometrischen Betrieb auf einem hohen Niveau. Während die Temperatur
an der Messstelle vor Partikelfilter kurz nach Verlassen des stöchiometrischen Betriebs zu sinken
beginnt, steigt die Temperatur nach Partikelfilter an und beginnt erst mit einer signifikanten
Zeitverzögerung zu sinken.

Der Temperaturanstieg ist auf die exotherme Rußoxidation im Partikelfilter zurückzuführen.
Aufgrund des längeren stöchiometrischen Betriebs mit seinen hohen Abgastemperaturen ist die
Temperatur im Partikelfilter auf über 600 °C angestiegen und somit wird im anschließenden über-
stöchiometrischen Betrieb, der durch einen hohen Sauerstoffgehalt im Abgas gekennzeichnet ist,

das eingelagerte Ruß oxidiert und diese exotherme Reaktion führt zu einer Temperaturdifferenz zwischen den gezeigten Messstellen. Das Ergebnis zeigt, dass der Partikelfilter während des WLTC-Prüfzyklus aufgrund des stöchiometrischen Betriebs regeneriert wird und somit ab einer bestimmten Masse Ruß im Partikelfilter keine weitere Einlagerung mehr stattfindet. Angesichts dieser Beobachtung wird im nächsten Abschnitt das Regenerationsverhalten des Partikelfilters detaillierter untersucht.

8.3 Regenerationsverhalten des Partikelfilters

In mehreren Quellen in der Literatur wird von einer passiven thermischen Regeneration des Partikelfilters berichtet (siehe Abschnitt 3.1 ab Seite 31), diese wird angesichts der erhöhten Abgastemperaturen im stöchiometrischen Betrieb ermöglicht. Wie im vorigen Abschnitt (Abschnitt 8.2 ab Seite 104) gezeigt, konnte mit dem Versuchsmotor im WLTC-Prüfzyklus ebenfalls eine passive thermische Regeneration beobachtet werden. Aus diesem Anlass wird im folgenden Abschnitt das Regenerationsverhalten des Partikelfilters im gesamten stöchiometrischen Kennfeldbereich in stationären Betriebspunkten analysiert. **Abbildung 8.10** zeigt die grundsätzlichen Einflussfaktoren auf die Rußoxidation in einem Partikelfilter, ohne Anspruch auf Vollständigkeit. Die wichtigsten Einflussfaktoren für eine Rußoxidation im Partikelfilter sind eine ausreichende

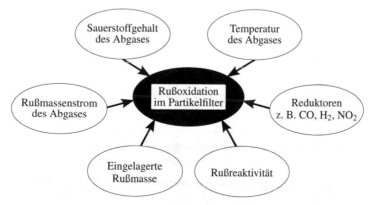

Abbildung 8.10: Einflussfaktoren auf die Rußoxidation, unvollständige Aufzählung nach [21–25]

Temperatur oberhalb von etwa 600 °C verbunden mit einem sauerstoffreichen Abgas. Aber auch Reduktoren wie z. B. NO_2 ermöglichen eine kontinuierliche Reaktion mit dem eingelagerten Ruß bereits bei Temperaturen unterhalb von 600 °C [25, 117, 182]. Das benötigte NO_2 wird dabei mittels Oxidation von NO gewonnen. Beim hier verwendeten stöchiometrischen Brennverfahren sind die NO-Emissionen jedoch geringer im Vergleich zum konventionell überstöchiometrisch betriebenen Dieselmotor (siehe auch Abbildung 6.2 auf Seite 54). Die Rußreaktivität bezeichnet die Fähigkeit des Rußes, chemisch mit einem Reaktanden (O_2, NO_2) zu reagieren [23]. In der Literatur findet man teilweise widersprüchliche Aussagen. Nach Fiebig u. a. [24] lässt sich in

Richtung geringerer Luftverhältnisse eine erhöhte Rußreaktivität beobachten. Klingemann [21] ermittelte im stöchiometrischen Betrieb eine Verschiebung der Größenverhältnisse in Richtung größerer Rußpartikel. Nach Sandig [183] verringern größere Partikel mit ihrer relativ kleineren Oberfläche jedoch die Rußreaktivität, da sie dem Sauerstoff weniger Möglichkeiten bieten, an freie oxidierbare Kohlenstoffatome zu gelangen. Aufgrund der widersprüchlichen Aussagen ist die spezifische Oberfläche wahrscheinlich nicht das einzige Kriterium für die Rußreaktvität. Wie im vorigen Abschnitt gezeigt, hat die eingelagerte Rußmasse einen Einfluss auf die Rußoxidation. Mit Anstieg der Rußmasse im Partikelfilter steigen unter bestimmten Bedingungen ebenfalls die Reaktionen an, die ab einem Grenzwert zu einer Kettenreaktion und somit erst zu einer erkennbaren Rußoxidation führen. Der Rußmassenstrom ist im Hinblick auf die Menge des oxidierten Rußes entscheidend. Ein großer Rußmassenstrom erfordert eine höhere Rußoxidation im Partikelfilter, um die Balance zwischen Rußeinlagerung und -oxidation zu erreichen. Nach Maßner u. a. [23] vermindert ein großer Rußmassenstrom zusätzlich die Rußreaktivität. Nach Pauli u. a. [22], Mayer u. a. [116], Sandig [183] und Höhne [184] lässt sich der komplexe Vorgang der Rußoxidation anhand von folgendem reaktionskinetischen Modell beschreiben:

$$RR = \frac{dMp}{dt} = a \cdot Mp_O \cdot p_{O_2}^n \cdot e^{\frac{-E}{RT}} \tag{8.1}$$

- RR: Reaktionsrate
- $\frac{dMp}{dt}$: oxidierte Rußmasse pro Zeit
- a: konstanter Faktor
- Mp_O: derzeitige Gesamtrußmasse im Filter
- p_{O_2}: Sauerstoffpartialdruck
- n: Ordnung
- E: Aktivierungsenergie
- R: allgemeine Gaskonstante
- T: Temperatur

Aus diesem Modell wird deutlich, dass neben der Rußmasse im Partikelfilter der Sauerstoffgehalt und die Temperatur des Abgases für die Rußoxidation ausschlaggebend sind. Auf die beiden letztgenannten Parameter wird sich bei der folgenden Analyse konzentriert.

In einem ersten Untersuchungsschritt wird das stationäre Regenerationsverhalten des Partikelfilters im stöchiometrischen Kennfeld ermittelt, wobei der stöchiometrische Betrieb in seiner Ausgangskonfiguration ab 150 Nm Anwendung findet. Die Untersuchungszeit für jeden Lastpunkt beträgt 20 Minuten und der Differenzdruck über Partikelfilter wird protokolliert. Zur Verringerung der Versuchszeit wird nur der Bereich von 1000 1/min – 3000 1/min und von 150 Nm bis zur Volllast in 50-Nm-Schritten ausgewählt. Ziel der Untersuchung ist der Nachweis einer passiven thermischen Regeneration des Partikelfilters im stationären stöchiometrischen Betrieb. Das Ergebnis dieser Untersuchung zeigt, dass in jedem der untersuchten Betriebspunkte der Differenzdruck über Partikelfilter während der Versuchszeit ansteigt und folglich in dem gesamten untersuchten Kennfeldbereich keine Regeneration des Partikelfilters stattfindet bzw. die Rußeinlagerung größer als die Rußoxidation ist. Stichversuche mit einer längeren Untersuchungszeit pro Betriebspunkt kommen zum selbem Ergebnis.

Zur weiteren Analyse werden die wichtigsten Einflussgrößen – die Temperatur im Partikelfilter und der Sauerstoffmassenstrom – betrachtet. In **Abbildung 8.11** sind die beiden Größen im untersuchten Kennfeldbereich dargestellt. **Abbildung 8.11a** zeigt die Temperatur an der Messstelle in

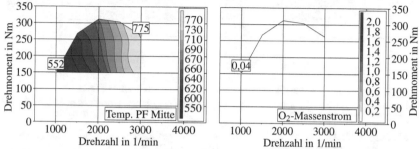

a) *Abgastemperatur in °C, Messstelle im Mittelpunkt des Partikelfilters*   b) *Sauerstoffmassenstrom in kg/h, Messstelle nach DOC bzw. vor Partikelfilter*

Abbildung 8.11: Analyse der Rußoxidation im stöchiometrischen Kennfeldbereich, Serienabgasanlage mit Oxidationskatalysator

der Mitte des Partikelfilters, zusätzlich sind die minimalen und maximalen Werte gekennzeichnet. Die Temperatur steigt infolge der Erhöhung der Last und Drehzahl von 552 °C auf 775 °C an, ab einer Drehzahl von 1500 1/min wird die Temperaturgrenze von 600 °C überschritten.

Abbildung 8.11b zeigt den Sauerstoffmassenstrom an der Messstelle vor Partikelfilter, zusätzlich ist der maximale Wert gekennzeichnet. Der Sauerstoffmassenstrom befindet sich im gesamten untersuchten Kennfeldbereich an der Nachweisgrenze, der maximale Wert von 0,04 kg/h liegt beim Betriebspunkt 1000 1/min und 150 Nm und entspricht einem Gehalt von unter 0,1 Prozent. Der nicht ausreichende Sauerstoffmassenstrom ist verantwortlich für das Ausbleiben bzw. für die zu geringe Rußoxidation und für die damit verbundene fortschreitende Beladung des Partikelfilters.

Abbildung 6.2 auf Seite 54 hat gezeigt, dass im stöchiometrischen Betrieb in dem untersuchten Betriebspunkt ein gewisser Anteil an Restsauerstoff im Rohabgas vorhanden ist und zusätzliche Stichversuche in anderen Betriebspunkten (hier nicht dargestellt) bestätigen diese Beobachtung. Dies lässt die Vermutung zu, dass der vorgeschaltete Oxidationskatalysator den benötigten Sauerstoff für die Rußoxidation im Partikelfilter aufbraucht. Deshalb wird die vorangegangene Vermessung des Kennfeldes ohne Monolith (im Folgenden als Messung ohne Oxidationskatalysator bezeichnet) mit identischen Parametern wiederholt. Im Vergleich zeigen die Ergebnisse dieses Wiederholversuchs, dass unterhalb der Drehzahl von 2000 1/min ein verringerter Anstieg und oberhalb kein Anstieg bzw. ein Sinken der Werte des Druckverlusts zu beobachten ist und demnach eine passive thermische Regeneration stattfindet. Zur Analyse werden wieder der Sauerstoffmassenstrom und die Temperatur betrachtet. **Abbildung 8.12 auf der nächsten Seite** zeigt die Ergebnisse.

Abbildung 8.12a zeigt die Abgastemperatur in der Mitte des Partikelfilters. Im Vergleich zur vorigen Messung mit Oxidationskatalysator ist eine im Mittel um etwa 50 °C verringerte Ab-

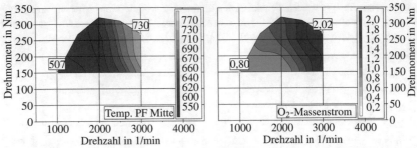

a) *Abgastemperatur in °C, Messstelle im Mit-* **b)** *Sauerstoffmassenstroms in kg/h, Messstelle*
telpunkt des Partikelfilters   *nach DOC bzw. vor Partikelfilter*

Abbildung 8.12: Analyse der Rußoxidation im stöchiometrischen Kennfeldbereich, modifizierte Abgasanlage ohne Oxidationskatalysator

gastemperatur zu verzeichnen. Die 600 °C-Marke wird erst bei einer Drehzahl von 2000 1/min überschritten. Dieser Temperaturabfall ist auf den Verzicht des Oxidationskatalysators zurückzuführen, da dieser angesichts seiner exothermen Oxidationsvorgänge in der Serienabgasanlage als Wärmequelle fungiert.

Abbildung 8.12b zeigt den Sauerstoffmassenstrom vor Partikelfilter. Im Vergleich zur vorigen Messung mit Oxidationskatalysator ist ein Anstieg des Sauerstoffmassenstroms im gesamten untersuchten Kennfeldbereich zu beobachten. Das Minimum liegt bei 0,8 kg/h bei einer Drehzahl von 1000 1/min und einer Last von 150 Nm, das Maximum mit 2,02 kg/h liegt bei einer Drehzahl von 3000 1/min und einer Last von 270 Nm. Das entspricht Sauerstoffgehalten von minimal 0,6 % bis maximal 1,2 %.

Für eine weitergehende Analyse der Rußoxidation werden die Temperaturen im Partikelfilter ausgewertet. **Abbildung 8.13 auf der nächsten Seite** zeigt die Differenz zwischen der Temperatur der Messstelle „Mitte Partikelfilter" und „Anfang Partikelfilter". Positive Vorzeichen bedeuten dabei eine höhere Temperatur an der Messstelle „Mitte Partikelfilter". **Abbildung 8.13a auf der nächsten Seite** zeigt die Temperaturdifferenz mit der Serienabgasanlage mit Monolith. Im gesamten Kennfeld ist ein geringer Temperaturanstieg zwischen den Messstellen zu beobachten. Die größte Temperaturdifferenz liegt bei etwa 5 °C. Der erkennbare Temperaturanstieg ist auf die exotherme Reaktion der Rußoxidation innerhalb des Partikelfilters zurückzuführen; die minimale Differenz lässt erkennen, dass die Rußoxidation sehr gering ist. Infolge dessen steigt der Druckverlust über Partikelfilter weiterhin an.

Abbildung 8.13b auf der nächsten Seite zeigt die Temperaturdifferenz mit der modifizierten Abgasanlage. Die Messung zeigt im Vergleich einen größeren Temperaturanstieg zwischen den Messstellen innerhalb des Partikelfilters mit bis zu 100 °C Temperaturdifferenz. Hier findet die Rußoxidation in einem wesentlich größeren Maße und somit eine kontinuierliche Rußoxidation des in den Partikelfilter eingebrachten Rußes statt.

Zusammenfassend zeigen die Ergebnisse, dass der Oxidationskatalysator als Sauerstoffsenke eine passive thermische Regeneration verhindert. Bei Verzicht auf diesen kann im stöchiometrischen

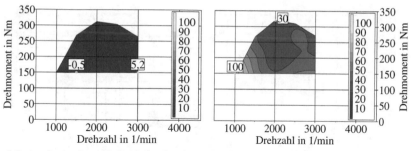

a) *Serienabgasanlage mit Oxidationskatalysa-*
tor

b) *Modifizierte Abgasanlage ohne Oxidations-*
katalysator

Abbildung 8.13: Analyse der Rußoxidation im stöchiometrischen Kennfeldbereich, Differenz-
temperatur der Messstellen Mitte Partikelfilter und Anfang Partikelfilter

Kennfeldbereich in stationären Betriebspunkten die Rußoxidation im Partikelfilter erhöht werden
und ab einer Drehzahl von 2000 1/min ist dadurch keine zusätzliche Rußeinlagerung zu beobachten. Eine Ausnahme stellt die beobachtete Regeneration im WLTC-Prüfzyklus mit Abgasanlage
mit Oxidationskatalysator dar (siehe Abschnitt 8.2 ab Seite 104). Der Grund hierfür liegt in der
Verbindung von langem stöchiometrischen Betrieb, der den Partikelfilter auf über 600 °C aufheizt
und direkt anschließender überstöchiometrischer Phase, die trotz des Oxidationskatalysator im
Partikelfilter ausreichend Sauerstoff für eine Regeneration zur Verfügung stellt. Die anderen
Zyklen haben ein solche Kombination aufgrund ihres Lastprofils nicht, weshalb keine passive
Oxidation stattfindet.

Die beobachtete Rußoxidation wird im weiteren Vorgehen mittels Bestimmung der eingelagerten
Rußmasse in den Partikelfilter überprüft. Dem aufwendigen Messverfahren geschuldet wird nur
ein Betriebspunkt vermessen. Für die Validierung wird nach einer einstündigen Regeneration
des Partikelfilters der stationäre Betriebspunkt 2250 1/min und 215 Nm drei Stunden lang mit
der modifizierten Abgasanlage ohne Oxidationskatalysator vermessen. Während der gesamten
Versuchszeit wird der Differenzdruck protokolliert und die eingelagerte Rußmasse wird nach
einer Stunde und am Ende des Versuches nach drei Stunden bestimmt. **Abbildung 8.14 auf der**
nächsten Seite zeigt das Ergebnis. In **Abbildung 8.14a auf der nächsten Seite** ist der Verlauf
des Druckverlustes über Partikelfilter für die gesamte Versuchszeit dargestellt. Bis zu einer
Stunde Versuchszeit steigt die Kurve des Druckverlustes annähernd linear, ab dann verringert
sich die Steigung und nach Erreichen des maximalen Wertes nach etwa 1,5 h beginnt dieser
wieder zu sinken. Zum Ende des Versuchs deutet sich ein Gleichgewichtszustand an.

Abbildung 8.14b auf der nächsten Seite zeigt die Ergebnisse der Massenbestimmung des
Rußeintrages in den Partikelfilter. Der Rußeintrag nach 1,5 Stunden ist anhand des Verlaufes
der Druckverlustkurve abgeschätzt worden. Die Berechnung der Abschätzung ist im Anhang
in Abschnitt A.8 ab Seite 146 zu finden. Nach einer Stunde ist der Partikelfilter mit 15,5 g Ruß
beladen. Nach 1,5 Stunden wird der Rußeintrag auf 16,5 g abgeschätzt, nach 3 Stunden wird für
den Rußeintrag ein Wert von 14,1 g gemessen.

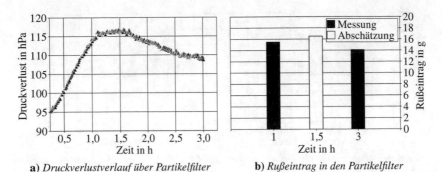

a) *Druckverlustverlauf über Partikelfilter*   **b)** *Rußeintrag in den Partikelfilter*

Abbildung 8.14: Überprüfung der Rußoxidation mittels Bestimmung der eingelagerten Rußmasse, n = 2250 1/min, Md = 215 Nm, modifizierte Abgasanlage ohne
Oxidationskatalysator

Diese Ergebnisse untermauern die der Druckverlustuntersuchung. Im stöchiometrischen Betrieb kann anhand der Bestimmung der eingelagerten Rußmasse ebenfalls eine Rußoxidation
im Partikelfilter nachgewiesen werden, allerdings ist dafür eine Mindestrußmasse im Partikelfilter notwendig. Nach Erreichen dieser beginnt die passive thermische Regeneration und es
stellt sich ein Gleichgewichtszustand – hier als Gleichgewichtsmasse bezeichnet – ein. Ein
ähnliches Verhalten wurde bereits bei der Untersuchung der Partikelfilterbeladung im WLTC-
Prüfzyklus beobachtet. Dort betrug die Gleichgewichtsmasse 21,6 g Ruß bei Verwendung der
Serienabgasanlage mit Oxidationskatalysator.

Abschließend wird der Verzicht auf den Oxidationskatalysator und der Effekt auf die Partikelfilterbeladung in einem Prüfzyklus untersucht. Dafür wird der WHSC-Prüfzyklus mit der
modifizierten Abgasanlage untersucht und der Rußeintrag in den Partikelfilter bestimmt. Aufgrund der bisherigen Erkenntnisse wird eine verringerte Beladung erwartet. In **Abbildung 8.15**
sind die Ergebnisse dargestellt. **Abbildung 8.15a** zeigt die Ergebnisse der Rußmassenbestim-

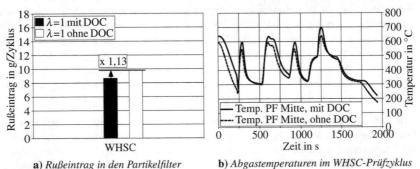

a) *Rußeintrag in den Partikelfilter*   **b)** *Abgastemperaturen im WHSC-Prüfzyklus*

Abbildung 8.15: Vergleich Rußeintrag in den Partikelfilter mit und ohne Oxidationskatalysator im WHSC-Prüfzyklus

mung. Bei Verzicht auf den Oxidationskatalysator steigt die Rußbeladung im WHSC-Prüfzyklus um den Faktor 1,13 gegenüber der Messung mit Oxidationskatalysator. Anders als erwartet führt der Verzicht auf den Oxidationskatalysator zu einem Anstieg des Rußbeladung. Zur weiteren Analyse werden die Temperaturen an der Messstelle „Mitte Partikelfilter" herangezogen, siehe **Abbildung 8.15b auf der vorherigen Seite.** Das Diagramm zeigt, dass die Kurve der Temperatur der Messung ohne Oxidationskatalysator unterhalb der Kurve der Temperatur der Messung mit Oxidationskatalysator liegt. Der Grund dafür liegt, wie bereits weiter oben festgestellt, in dem Wegfall des Oxidationskatalysators und somit dem Wegfall einer Wärmequelle vor Partikelfilter. Die Temperaturgrenze von 600 °C wird im WHSC-Prüfzyklus mit der modifizierten Abgasanlage ohne Oxidationskatalysator nur im letzten Volllastpunkt kurzzeitig überschritten (Sekunde 1250). Wegen der geringeren Abgastemperatur im Partikelfilter wird kein bzw. kaum Ruß oxidiert und führt somit zu einer größeren Beladung in dem Prüfzyklus. Der Verzicht auf den Oxidationskatalysator wirkt sich in diesem Fall nachteilig auf das Rußbeladungsergebnis aus und der erhöhte Sauerstoffmassenstrom kann nicht genutzt werden. In den anderen Prüfzyklen ist mit ähnlichen Ergebnissen zu rechnen. Der WLTC-Prüfzyklus könnte dabei wieder eine Ausnahme darstellen, da in diesem Zyklus die Partikelfilterregeneration vor allem im letzten Abschnitt stattfindet mit Abgastemperaturen vor Partikelfilter von über 650 °C (siehe Abbildung 8.9 auf Seite 108). Unter der Voraussetzung, dass in diesem Zyklus der Verzicht auf den Oxidationskatalysator zu einer ähnlichen Temperaturabsenkung wie im WHSC-Prüfzyklus führt (max. 50 °C, siehe Abbildung 8.15 auf der vorherigen Seite), steht weiterhin eine ausreichende Temperatur zur Rußoxidation zur Verfügung und es dürfte kein erhöhter Rußeintrag festgestellt werden.

Als Abschluss wird der Einfluss auf die Emissionen betrachtet und in **Tabelle 8.2** sind die Emissionsergebnisse für beide Versuche dargestellt. Der Verzicht auf den Oxidationskatalysator und der daraus folgende Wegfall der Oxidation des Abgases in diesem macht eine Anpassung der Werte des stationären Lambda-Kennfeldes für das externe Motorregelungssystem in Richtung unterstöchiometrische Luftverhältnisse notwendig. Anschließend an die Anpassung wurde keine weitere Optimierung (wie sie in Abschnitt 7.4.1 ab Seite 84 vorgenommen wurde) durchgeführt und der WHSC-Prüfzyklus vermessen. Bei Verzicht auf den Oxidationskatalysator können die

Tabelle 8.2: Vermessung WHSC-Prüfzyklus mit gemischt stöchiometrischem Betrieb ($\lambda = 1$) mit und ohne Oxidationskatalysator, spezifische Emissionen in g/kWh, Mittelwerte aus jeweils drei Messungen

	CO	NO_x	HC	NH3 in ppm	Kraftstoff-verbrauch
mit DOC	0,56	0,26	0,02	8	242
ohne DOC	0,73	0,38	0,03	4	243
Grenzwert EU VI	1,50	0,40	0,16	10	-

geforderten Grenzwerte im WHSC-Prüfzyklus weiterhin eingehalten werden. Die Werte für CO, NO_x, und HC sind im Vergleich angestiegen, der Wert für NH_3 ist geringer. Der Grund liegt in der Verringerung des katalytischen Volumens. Der Kraftstoffverbrauch ist im Rahmen der Messgenauigkeit annähernd gleich. Für den WHTC sind die Ergebnisse ähnlich, mit Ausnahme für die HC-Emissionen, deren Grenzwert überschritten wird (hier nicht dargestellt). Die Ergebnisse zeigen, dass bei Verwendung des stöchiometrischen Brennverfahrens der Drei-Wege-Katalysator alleine ausreichend ist und im Hinblick auf Verringerung des Kosten- und Systemaufwands der Oxidationskatalysator entfallen kann.

9 Zusammenfassung

Neue Fahrzyklen (Worldwide harmonized Light Duty Test Procedure, WLTP), sich ständig verschärfende Emissionsgesetzgebungen und die Maßnahmen zur Erfassung der so genannten Off-Cycle-Emissionen (mit Hilfe von Portable Emission Measurement Systems, PEMS) erfordern innovative Maßnahmen zur Reduktion der Schadstoffemissionen beim Dieselmotor, insbesondere der NO_x-Emissionen. Konventionelle Methoden zur Verringerung der NO_x-Emissionen sind die Verwendung von Speicherkatalysator- oder SCR-Systemen als Abgasnachbehandlung, diese bergen jedoch einen erhöhten Kosten- und Systemaufwand, speziell beim SCR-System ist ein zusätzlicher Betriebsstoff notwendig.

Im Rahmen dieser Dissertation wird der bereits bestehende Ansatz, einen Drei-Wege-Katalysator analog zum Ottomotor beim Dieselmotor zu verwenden, aufgegriffen. Dieser ist in der Lage, neben CO und HC auch NO_x zu konvertieren. Eine Senkung der Kosten und Vereinfachung der Abgasnachbehandlung kann somit beim Dieselmotor erzielt werden. Für seine Verwendung wird jedoch ein stöchiometrisches Brennverfahren benötigt. **Tabelle 9.1** zeigt einen Vergleich zwischen den beiden konventionellen Stickoxidnachbehandlungssystemen und dem stöchiometrischen Brennverfahren in Verbindung mit einem Drei-Wege-Katalysator. Die während einer

Tabelle 9.1. Vergleich der Merkmale der Stickoxidnachbehandlungssysteme beim Dieselmotor

Merkmal	SCR	NSK	3WC
Bauraumbedarf	hoch	mittel	gering
Betriebsartenwechsel	nicht notwendig	beladungsabhängig $\lambda \sim 0,9$ und $\lambda > 1$	kennfeldabhängig $\lambda > 1$ und $\lambda = 1$
Kraftstoffmehrverbrauch	nein[1]	ja	ja
Systemkosten	hoch	mittel	gering
Zusätzlicher Betriebsstoff	ja	nein	nein

Literaturrecherche ermittelten Ergebnisse zeigen, dass mit dem stöchiometrischen Brennverfahren der Betrieb des Drei-Wege-Katalysators am Dieselmotor möglich ist und Konvertierungsraten bis nahe 100 % erreicht werden können, jedoch steigen dabei der Kraftstoffverbrauch und die Rußemissionen. Angesichts dieser Fakten wurde in dieser Arbeit eine modifizierte Betriebsstrategie untersucht. Das Kennfeld des Versuchsmotors wurde in einen konventionellen überstöchiometrischen und in einen stöchiometrischen Betriebsbereich aufgeteilt. Der Fokus lag darauf, den stöchiometrischen Betrieb so wenig wie möglich, aber so viel wie nötig anzuwenden, um die Emissionsgrenzwerte für EU 6/VI einzuhalten und dabei gleichzeitig einen geringen Kraftstoffmehrverbrauch zu erhalten.

Die experimentellen Untersuchungen dieser Arbeit gliederten sich in drei Teile: Im ersten Teil wurde das neue Brennverfahren im stationären Betrieb auf den Versuchsmotor übertragen und

---

[1] Harnstoffverbrauch nicht berücksichtigt

© Springer Fachmedien Wiesbaden GmbH, ein Teil von Springer Nature 2018
C. Kröger, *Stöchiometrisches heterogenes Dieselbrennverfahren im stationären und instationären Motorbetrieb*, AutoUni – Schriftenreihe 125, https://doi.org/10.1007/978-3-658-22501-8_9

der Einfluss des Luftverhältnisses auf die Emissionen, die Konvertierungsrate der verwendeten Katalysatoren und den Wirkungsgrad bzw. Kraftstoffverbrauch ermittelt. Analog zum Ottomotor war das Luftverhältnis der entscheidende Parameter für die Höhe der Konvertierungsrate. Eine zyklische Zwangsanregung konnte eine geringe Abweichung vom Luftverhältnis kompensieren und führte somit zu einer Verbesserung der Konvertierungsrate. Der Einsatz von AGR im stöchiometrischen Betrieb hatte keinen Einfluss auf die Konvertierungsleistung der Katalysatoren, führte aber zu einem Anstieg der bereits erhöhten Rußemissionen. Als negativer Nebeneffekt zeigte sich analog zum Ottomotor auch beim Dieselmotor die Bildung von NH_3-Emissionen im unterstöchiometrischen Betrieb in den Katalysatoren. Die Höhe der Emissionen war abhängig vom Luftverhältnis. Der Einsatz der Zwangsanregung ließ die Emissionen ansteigen, der Einsatz von AGR verringerte sie. Übereinstimmend mit der Literatur wurde ein Anstieg des Kraftstoffverbrauchs infolge des stöchiometrischen Betriebs ermittelt. Das Luftverhältnis war dabei entscheidend. Eine Verlustteilung ermittelte für den Verlust der unvollständigen Verbrennung den größten Anteil. Darauf folgten der Verlust des Brennverlaufs, der Verlust der realen Kalorik und die Wandwärmeverluste.

Im zweiten Teil wurde der instationäre stöchiometrische Betrieb untersucht. Die verwendete Lambdaregelung konnte im stöchiometrischen Betrieb unter transienten Bedingungen das geforderte Luftverhältnis für eine hohe Konvertierungsrate der Abgasnachbehandlung regeln. Beim Übergang vom überstöchiometrischen in den stöchiometrischen Betrieb wurde eine verzögerte NO_x-Konvertierung ermittelt, die mit Hilfe einer vom Ottomotor adaptierten Sauerstoffausräumfunktion für den Drei-Wege-Katalysator vermieden werden konnte, so dass eine Erhöhung der Konvertierungsleistung der NO_x-Emissionen im instationären Betrieb erreicht wurde. Anschließend folgten die Untersuchungen des Emissionsminderungspotenzials in den Prüfzyklen WHSC/WHTC, NEDC und WLTC. Es konnte eine signifikante Unterschreitung der Grenzwerte für die NO_x-Emissionen für EU 6/VI aufgezeigt werden. Eine anschließende Verkleinerung des stöchiometrischen Kennfeldbereiches ermöglichte bei Einhaltung der geforderten Grenzwerte eine Verringerung des Kraftstoffmehrverbrauches. Der Kraftstoffmehrverbrauch war jeweils vom untersuchten Prüfzyklus abhängig. Im Fahrzyklus NEDC konnten die Grenzwerte für EU 6 für Pkw und EU VI für leichte Nutzfahrzeuge bei einem Kraftstoffmehrverbrauch von 1,0 % bzw. 1,5 % unterschritten werden.

Im dritten Teil wurde das Beladungs- und Regenerationsverhalten des Partikelfilters analysiert. Die Rußbeladung des Partikelfilters wurde anhand des Anstiegs des Druckverlustes und der Massenänderung ermittelt. Beim Vergleich von konventionellem überstöchiometrischen mit stöchiometrischem Brennverfahren ist ein Anstieg der Partikelfilterbeladung abhängig vom untersuchten Prüfzyklus zu beobachten. Eine Ausnahme stellt der Prüfzyklus WLTC dar, hier wird kein Anstieg der Partikelfilterbeladung festgestellt. Bei Untersuchung der passiven thermischen Regeneration wurde der Oxidationskatalysator als Sauerstoffsenke ermittelt und nach Verzicht auf diesen konnte in einem Teil des Kennfeldes eine Rußoxidation und somit kein Anstieg der Partikelfilterbeladung beobachtet werden.

Das in dieser Arbeit untersuchte stöchiometrische Brennverfahren in Verbindung mit einem Drei-Wege-Katalysator ist als Alternative zu den bisherigen Abgasnachbehandlungssystemen eine wirtschaftlich interessante Option zur Einhaltung der niedrigen Emissionsgrenzwerte aktueller

Prüfzyklen und bietet darüber hinaus Potenzial für die Anpassung an zukünftige Emissionsgesetzgebungen. Aufgrund des ermittelten Kraftstoffmehrverbrauchs stellt es aber angesichts von CO_2-Grenzwerten keine geeignete Lösung für einen flächendeckenden Ersatz der konventionellen dieselmotorischen Abgasnachbehandlung dar. Lediglich für spezielle Einsätze, bei denen die konventionelle Abgasnachbehandlung bzgl. Wirtschaftlichkeit und Einsetzbarkeit an ihre Grenzen stößt, ist eine Anwendung denkbar.

Literatur

[1] G. P. Merker und R. Teichmann, Hrsg.: *Grundlagen Verbrennungsmotoren: Funktions-weise, Simulation, Messtechnik*. 7., vollst. überarb. Aufl. 2014. ATZ / MTZ-Fachbuch. Wiesbaden: Springer Fachmedien Wiesbaden, 2014. ISBN: 9783658031954. DOI: 10. 1007/978-3-658-03195-4.

[2] S. Pischinger: *Vorlesungsumdruck: Verbrennungskraftmaschinen*. 26. Aufl. Bd. 2. Aa-chen: trans-aix-press, 2007.

[3] Volkswagen AG, EBP/12 Fachinformation und Patentrecherche: *Schulungsunterlage Common Rail Einspritzsystem (unveröffentlicht)*.

[4] R. van Basshuysen und F. Schäfer, Hrsg.: *Handbuch Verbrennungsmotor: Grundla-gen, Komponenten, Systeme, Perspektiven*. 6., aktualisierte und erw. Aufl. ATZ-MTZ-Fachbuch. Wiesbaden: Vieweg + Teubner, 2012. ISBN: 9783834815491.

[5] H. Bockhorn: *Soot Formation in Combustion: Mechanisms and Models*. Bd. 59. Springer Series in Chemical Physics. Heidelberg: Springer, 1994. ISBN: 9783642851674. DOI: 10.1007/978-3-642-85167-4.

[6] U. Wagner u. a.: *Programm Lebensgrundlage Umwelt und ihre Sicherung (BWPLUS). Untersuchungen zur Entwicklung einer rußfreien Verbrennung bei Dieselmotoren mit Direkteinspritzung*. 2006. http://www.fachdokumente.lubw.baden-wuerttemberg. de/servlet/is/40200/BWI23001SBer.pdf?command=downloadContent&filename= BWI23001SBer.pdf&FIS=203 (besucht am 11.12.2014).

[7] N. Mladenov: *Modellierung von Autoabgaskatalysatoren*. Diss. Karlsruhe, 2009. ISBN: 9783866444836. http://paperc.de/25947-modellierung-von-autoabgaskatalysatoren-9783866444836 (besucht am 19.12.2014).

[8] C. P. Koci u. a.: *Internal exhaust gas recirculation for stoichiometric operation of diesel engine*. Pat. US8,594,909B2. 26.11.2013.

[9] Robert Bosch GmbH, Hrsg.: *Bosch Kraftfahrtechnisches Taschenbuch*. Vieweg+Teubner, 2007. ISBN: 9783834801388.

[10] G. Plapp u. a.: „Gemischregelung für optimalen Betrieb eines Drei-Wege-Katalysators". In: *3. Aachener Kolloquium Fahrzeug- und Motorentechnik, Rheinisch-Westfälische Technische Hochschule Aachen*. 15.-17.10.1991, S. 295–314.

[11] D. Chatterjee u. a.: *Detailed surface reaction mechanism in a three-way catalyst*. In: *Faraday Discussions*, Jahrgang 119, Nr. 1 (2001), S. 371–384. ISSN: 13596640. DOI: 10.1039/b101968f.

[12] M. A. Shulman u. a.: *Comparison of Measured and Predicted Three-Way Catalyst Conversion Efficiencies under Dynamic Air-Fuel Ratio Conditions*. SAE Technical Paper 820276. Warrendale, PA: SAE International, 1982. DOI: 10.4271/820276.

© Springer Fachmedien Wiesbaden GmbH, ein Teil von Springer Nature 2018
C. Kröger, *Stöchiometrisches heterogenes Dieselbrennverfahren im stationären und instationären Motorbetrieb*, AutoUni – Schriftenreihe 125, https://doi.org/10.1007/978-3-658-22501-8

[13] R. M. Heck und R. J. Farrauto: *Catalytic air pollution control: Commercial technology.*
      Florence, Kentucky, U.S.A.: Van Nostrand Reinhold, 1994. ISBN: 9780442017828.

[14] S. J. Cornelius u. a.: *Air-to-fuel Ratio Modulation Experiments over a Pd/Rh Three-way
      Catalyst.* SAE Technical Paper 2001-01-3539. Warrendale, PA: SAE International, 2001.
      DOI: 10.4271/2001-01-3539.

[15] D. Hundertmark: *Verbesserte Konzepte der Lambdaregelung bei Ottomotoren.* In: *Auto-
      mobil-Industrie*, Jahrgang 35, Nr. 1 (1990), S. 27–33.

[16] R. S. Peck: *Experimentelle Untersuchung und dynamische Experimentelle Untersuchung
      und dynamische Simulation von Oxidationskatalysatoren und Diesel-Partikelfiltern.* Diss.
      Universität Stuttgart, 2007.

[17] E.-P. Bunsen: *Beitrag zur Arbeitsprozessoptimierung hochaufgeladener Ottomotoren.*
      Diss. Universität Magdeburg, 2012. http://edoc2.bibliothek.uni-halle.de/hs/content/
      titleinfo/20036 (besucht am 18. 11. 2018).

[18] G. Merker: *Verbrennungsmotoren - Simulation der Verbrennung und Schadstoffbildung.*
      3. Aufl. Wiesbaden: Springer Fachmedien, 2007. ISBN: 9783835190696.

[19] S. Pischinger: *Vorlesungsumdruck: Verbrennungskraftmaschinen.* 26. Aufl. Bd. 1. Aa-
      chen: trans-aix-press, 2007.

[20] Europäische Union: *Regelung Nr. 49 der Wirtschaftskommission für Europa der Vereinten
      Nationen (UN/ECE) - Einheitliche Bestimmungen hinsichtlich der Maßnahmen, die gegen
      die Emission von gasförmigen und partikelförmigen Schadstoffen zu treffen sind, die aus
      Selbstzündungsmotoren für Kraftfahrzeuge entstehen, sowie gegen die Emission gasför-
      miger Schadstoffe aus mit Erdgas oder Flüssiggas betriebenen Fremdzündungsmotoren
      für Kraftfahrzeuge. L 229.*

[21] T. Klingemann: *Experimentelle Untersuchung eines heterogen-stöchiometrischen diesel-
      motorischen Brennverfahrens.* Bd. 43. AutoUni-Schriftenreihe. Berlin: Logos-Verlag,
      2013. ISBN: 9783832534455.

[22] E. Pauli u. a.: *The Calculation of Regeneration Limits of Diesel Particulate Traps for
      Different Regeneration Methods.* SAE Technical Paper 840075. Warrendale, PA: SAE
      International, 1984. DOI: 10.4271/840075.

[23] A. Maßner u. a.: „Die Reaktivität von Dieselruß und die Auswirkungen auf den Be-
      trieb von Abgasnachbehandlungssystemen". In: *AVL 7. Int. Forum Abgas- und Partikel-
      Emissionen, Ludwigsburg 2012*, S. 181–193.

[24] M. Fiebig u. a.: *Einflüsse motorischer Betriebsparameter auf die Reaktivität von Diesel-
      russ.* In: *MTZ - Motortechnische Zeitschrift*, Jahrgang 71, Nr. 7-8 (2010), S. 524–531.
      ISSN: 0024-8525. DOI: 10.1007/BF03225593.

[25] E. Jean: *Dieselpartikelfiltersysteme für Pkw: Erfahrungen und Perspektiven.* In: *FAD-
      Konferenz „Herausforderung – Abgasnachbehandlung für Dieselmotoren"* (12.-
      13.11.2003). Dresden.

[26] K. Reif: *Dieselmotor-Management: Systeme, Komponenten, Steuerung und Regelung.*
      5., überarbeitete und erweiterte Auflage. SpringerLink Bücher. Wiesbaden: Vieweg+
      Teubner Verlag, 2012. ISBN: 9783834821799. DOI: 10.1007/978-3-8348-2179-9.

[27]   K. Reif: *Gasoline Engine Management*. Wiesbaden: Springer Fachmedien Wiesbaden, 2015. ISBN: 9783658039639. DOI: 10.1007/9783658039646.

[28]   A. Mayer: *Minimierung der Partikelemissionen von Verbrennungsmotoren*. Haus der Technik Fachbuch, Bd. 36. Essen: Expert-Verlag, 2004. ISBN: 9783816924302.

[29]   Europäische Union: *VERORDNUNG (EU) Nr. 582/2011 DER KOMMISSION vom 25. Mai 2011 zur Durchführung und Änderung der Verordnung (EG) Nr. 595/2009 des Europäischen Parlaments und des Rates hinsichtlich der Emissionen von schweren Nutzfahrzeugen (Euro VI) und zur Änderung der Anhänge I und III der Richtlinie 2007/46/ EG des Europäischen Parlaments und des Rates: 582/2011.*

[30]   J. Schommers: *Strategie der Antriebstechnologie – oder warum der Verbrennungsmotor eine Zukunft hat*. In: 7. MTZ-Fachtagung: Ladungswechsel im Verbrennungsmotor, 21. und 22. Oktober 2014, Stuttgart, Keynote (21. Okt. 2014).

[31]   Europäische Union: *VERORDNUNG (EG) Nr. 715/2007 DES EUROPÄISCHEN PARLA-MENTS UND DES RATES vom 20. Juni 2007 über die Typgenehmigung von Kraftfahrzeugen hinsichtlich der Emissionen von leichten Personenkraftwagen und Nutzfahrzeugen (Euro 5 und Euro 6) und über den Zugang zu Reparatur- und Wartungsinformationen für Fahrzeuge.*

[32]   Europäische Union: *VERORDNUNG (EU) Nr. 459/2012 DER KOMMISSION vom 29. Mai 2012 zur Änderung der Verordnung (EG) Nr. 715/2007 des Europäischen Parlaments und des Rates und der Verordnung (EG) Nr. 692/2008 der Kommission hinsichtlich der Emissionen von leichten Personenkraftwagen und Nutzfahrzeugen (Euro 6).*

[33]   H.-J. Neußer u. a.: *Die Euro-6-Motoren des modularen Dieselbaukastens von Volkswagen*. In: *MTZ - Motortechnische Zeitschrift*, Jahrgang 74, Nr. 6 (2013), S. 440–447.

[34]   D. Wenzel und C. Zwillus: *Energieeffiziente elektrische Beheizung von SCR-Leitungen*. In: *MTZ - Motortechnische Zeitschrift*, Jahrgang 74, Nr. 09 (2013), S. 686–690.

[35]   J. Hagen: *Technische Katalyse: Eine Einführung*. Weinheim: Wiley-VCH, 1996. ISBN: 9783527287239. DOI: 10.1002/9783527624829.

[36]   P. L. Silveston und R. R. Hudgins: *Periodic Operation of Chemical Reactors*. Elsevier, 2013. ISBN: 9780123918543.

[37]   K. Mollenhauer und H. Tschöke: *Handbook of Diesel Engines*. Berlin, Heidelberg: Springer-Verlag, 2010. ISBN: 9783540890836. DOI: 10.1007/978-3-540-89083-6.

[38]   Europäische Union: *RICHTLINIE 2001/27/EG DER KOMMISSION vom 10. April 2001 zur Anpassung der Richtlinie 88/77/EWG des Rates zur Angleichung der Rechtsvorschriften der Mitgliedstaaten über Maßnahmen gegen die Emission gasförmiger Schadstoffe und luftverunreinigender Partikel aus Selbstzündungsmotoren zum Antrieb von Fahrzeugen und die Emission gasförmiger Schadstoffe aus mit Erdgas oder Flüssiggas betriebenen Fremdzündungsmotoren zum Antrieb von Fahrzeugen an den technischen Fortschritt.*

[39]   C. Kröger: *Untersuchungen an einem aufgeladenen Dieselmotor mit stöchiometrischem Brennverfahren im transienten Betrieb zur Erfüllung zukünftiger Emissionsgesetzgebungen*. Masterarbeit (unveröffentlicht). Hochschule für Angewandte Wissenschaften Hamburg, 2012.

[40]   J. Feßmann u. a.: *Angewandte Chemie und Umwelttechnik für Ingenieure: Handbuch für Studium und betriebliche Praxis*. 2. Aufl. Landsberg am Lech: ecomed Sicherheit, 2002. ISBN: 9783609683522.

[41]   J. Eismark u. a.: *Role of Late Soot Oxidation for Low Emission Combustion in a Diffusion-controlled, High-EGR, Heavy Duty Diesel Engine*. Warrendale, PA: SAE International, 2009. DOI: 10.4271/2009-01-2813.

[42]   C. Weiskirch und P. Eilts: *(Teil-) Homogene Dieselverbrennung*. In: 5. Internationales Forum Abgas- und Partikelemissionen, Ludwigsburg (2008).

[43]   J.-P. Frahm: „Der Einfluss von Ammoniak auf Stickstoff liebende Flechten in verkehrsbelasteten Gebieten". In: *Immissionsschutz: Zeitschrift für Luftreinhaltung, Lärmschutz, Anlagensicherheit, Abfallverwertung und Energienutzung*. Nr. 04/2006, S. 164–167. http://www.immissionsschutzdigital.de/ce/der-einfluss-von-ammoniak-auf-stickstoff-liebende-flechten-in-verkehrsbelasteten-gebieten/detail.html (besucht am 21.07.2014).

[44]   J. Czerwinski u. a.: *Unregulated Emissions with TWC, Gasoline & CNG*. In: *SAE International Journal of Engines* (2010), S. 1099–1112. DOI: 10.4271/2010-01-1286.

[45]   D. Schürmann u. a.: *Nicht limitierte Automobil-Abgaskomponenten*. In: *Automobil Industrie*, Jahrgang 34, Nr. 5 (1989), S. 637–654.

[46]   Landesanstalt für Umwelt, Messungen und Naturschutz Baden-Württemberg: *Klimaatlas Baden-Württemberg*. Karlsruhe: LUBW, 2006. ISBN: 9783882513066.

[47]   U. Pfeffer u. a.: *Neue Entwicklungen bei der Messung und Beurteilung der Luftqualität: Ammoniakemissionen aus dem Strassenverkehr - ein Beitrag zur lokalen Partikelbildung?* Bd. 2040. VDI-Berichte. Düsseldorf: VDI-Verlag, 2008. ISBN: 9783180920405.

[48]   Y. Kaneko u. a.: *Effect of Air-Fuel Ratio Modulation on Conversion Efficiency of Three-Way Catalysts*. SAE Technical Paper 780607. Warrendale, PA: SAE International, 1978. DOI: 10.4271/780607.

[49]   P. Kurzweil und P. Scheipers: *Chemie: Grundlagen, Aufbauwissen, Anwendungen und Experimente*. 9., erw. Aufl. Naturwissenschaftliche Grundlagen. Wiesbaden: Vieweg+Teubner Verlag/Springer Fachmedien Wiesbaden GmbH, 2012. ISBN: 9783834882806. DOI: 10.1007/978-3-8348-8280-6.

[50]   H. P. Latscha und H. A. Klein: *Anorganische Chemie: Chemie-Basiswissen I*. 9., vollständig überarb. Auflage. Springer-Lehrbuch. Berlin, Heidelberg: Springer-Verlag Berlin Heidelberg, 2007. ISBN: 9783540698654. DOI: 10.1007/978-3-540-69865-4.

[51]   Bundesministerium für Umwelt, Naturschutz, Bau und Reaktorsicherheit (BMUB): *Abgasgrenzwerte für LKW und Busse (Fahrzeuge ab 2610 kg; Grenzwerte für die Typ- und Serienprüfungen)*. https://www.umweltbundesamt.de/sites/default/files/medien/420/bilder/dateien/5_tab_grenzwerte-lkw.pdf (besucht am 14.04.2014).

[52] M. Shelef und H. S. Gandhi: *Ammonia Formation in the Catalytic Reduction of Nitric Oxide. III. The Role of Water Gas Shift, Reduction by Hydrocarbons, and Steam Reforming*. In: *Industrial & Engineering Chemistry Product Research and Development*, Jahrgang 13, Nr. 1 (1974), S. 80–85. ISSN: 0196-4321. DOI: 10.1021/i360049a016.

[53] M. Shelef und H. S. Gandhi: *Ammonia Formation in Catalytic Reduction of Nitric Oxide by Molecular Hydrogen. I. Base Metal Oxide Catalysts*. In: *Industrial & Engineering Chemistry Product Research and Development*, Jahrgang 11, Nr. 1 (1972), S. 2–11. ISSN: 0196-4321. DOI: 10.1021/i360041a002.

[54] M. Shelef und H. S. Gandhi: *Ammonia Formation in Catalytic Reduction of Nitric Oxide by Molecular Hydrogen. II. Noble Metal Catalysts*. In: *Industrial & Engineering Chemistry Product Research and Development*, Jahrgang 11, Nr. 4 (1972), S. 393–396. ISSN: 0196-4321. DOI: 10.1021/i360044a006.

[55] H. S. Gandhi u. a.: *Evaluation of Three-Way Catalysts - Part III Formation of NH3, Its Suppression by SO2 and Re-Oxidation*. SAE Technical Paper 780606. Warrendale, PA: SAE International, 1978. DOI: 10.4271/780606.

[56] H. Abdulhamid u. a.: *Influence of the Type of Reducing Agent (H2 , CO, C3H6 and C3H8) on the Reduction of Stored NOx in a Pt/BaO/Al2O3 Model Catalyst*. In: *Topics in Catalysis*, Jahrgang 30/31 (2004), S. 161–168. ISSN: 1022 5528 DOI: 10.1023/B:TOCA 0000029745.87107.b8.

[57] T. Huai u. a.: *Investigation of NH3 Emissions from New Technology Vehicles as a Function of Vehicle Operating Conditions*. In: *Environmental Science & Technology*, Jahrgang 37, Nr. 21 (2003), S. 4841–4847. ISSN: 0013-936X. DOI: 10.1021/es030403.

[58] T. Huai u. a.: *Investigation of the Formation of NH3 Emissions as a Funktion of Vehicle Load and operating Condition*. 2002. http://www.epa.gov/ttnchie1/conference/ei12/poster/huai.pdf (besucht am 04.08.2014).

[59] H. Hirano u. a.: *Mechanisms of the various nitric oxide reduction reactions on a platinum-rhodium (100) alloy single crystal surface*. In: *Surface Science*, Jahrgang 262, Nr. 1-2 (1992), S. 97–112. ISSN: 00396028. DOI: 10.1016/0039-6028(92)90463-G.

[60] O. Hirao und R. K. Pefley, Hrsg.: *Present and future automative Fuels: Performance and exhaust clarification*. New York: Wiley, 1988. ISBN: 9780471802594.

[61] X. Ma u. a.: *An Experimental Study of EGR-Controlled Stoichiometric Dual-fuel Compression Ignition (SDCI) Combustion*. SAE Technical Paper 2014-01-1307. Warrendale, PA: SAE International, 2014. DOI: 10.4271/2014-01-1307.

[62] N. W. Cant u. a.: *The Reduction of NO by CO in the Presence of Water Vapour on Supported Platinum Catalysts: Formation of Isocyanic Acid (HNCO) and Ammonia*. In: *Applied Catalysis B: Environmental*, Jahrgang 46, Nr. 3 (2003), S. 551–559. ISSN: 09263 373. DOI: 10.1016/S0926-3373(03)00318-7.

[63] D. C. Chambers u. a.: *The Formation and Hydrolysis of Isocyanic Acid during the Reaction of NO, CO, and H2 Mixtures on Supported Platinum, Palladium, and Rhodium*. In: *Journal of Catalysis*, Jahrgang 204, Nr. 1 (2001), S. 11–22. ISSN: 00219517. DOI: 10.1006/jcat.2001.3359.

[64] M. Weirich: *NOx-Reduzierung mit Hilfe des SCR-Verfahrens am Ottomotor mit Direktein-spritzung.* Diss. Universität Kaiserslautern, 2001.

[65] J. Breen u. a.: *An investigation of catalysts for the on board synthesis of NH3. A possible route to low temperature NOx reduction for lean-burn engines.* In: *Catalysis Letters*, Nr. 79 (2002), S. 171–174.

[66] T. Wittka u. a.: *Development and Demonstration of LNT+SCR System for Passenger Car Diesel Applications.* In: *SAE Int. J. Engines*, Jahrgang 7, Nr. 3 (2014). DOI: 10.4271/2014-01-1537.

[67] N. Waldbüßer: *NOx-Minderung am Pkw-Dieselmotor mit einem Kombinationssystem zur Abgasnachbehandlung.* Diss. Technische Universität Kaiserslautern, 2005.

[68] Y. Kinugasa u. a.: *Device for purifying exhaust gas of engine.* Pat. EP0773354A1. 14.05. 1997.

[69] S. Stein: *On-Board-Reduktionsmittelherstellung zur NOx-Emissionsminderung bei Dieselfahrzeugen.* Diss. Rheinisch-Westfälische Technische Hochschule Aachen, 2005.

[70] Y. Kinugasa u. a.: *Vorrichtung zum Reinigen des Abgases einer Brennkraftmaschine.* Pat. EP773354A1. 7.11.1996.

[71] Y. Kinugasa u. a.: *Vorrichtung zum Reinigen des Abgases einer Brennkraftmaschine.* Pat. EP796983A1. 21.03.1997.

[72] Y. Kinugasa u. a.: *Verfahren und Vorrichtung zur Abgasreinigung.* Pat. EP814241A1. 17.06.1997.

[73] Y. Kinugasa u. a.: *Abgasreinigungsvorrichtung für eine Brennkraftmaschine.* Pat. EP08 02315B1. 18.04.1997.

[74] W. Maus: *Abgasreinigung – Immer noch ein Zukunftsthema.* In: *ATZextra*, Jahrgang 16, Nr. 6 (2011), S. 142–145.

[75] M. Lamping u. a.: *Zusammenhang zwischen Schadstoffreduktion und Verbrauch bei Pkw-Dieselmotoren mit Direkteinspritzung.* In: *MTZ - Motortechnische Zeitschrift*, Jahrgang 68, Nr. 1 (2007), S. 50–57. DOI: 10.1007/BF03225445.

[76] C. Heimgärtner und A. Leipertz: *Investigation of the Primary Spray Breakup Close to the Nozzle of a Common - Rail High Pressure Diesel Injection System.* SAE Technical Paper 2000-01-1799. Warrendale, PA: SAE International, 2000. DOI: 10.4271/2000-01-1799.

[77] C. Bae u. a.: *The Influence of Injector Parameters on Diesel Spray.* In: Thiesel Conference on Thermo- and Fluid Dynamic Processes in Diesel Engines; Valencia, Spain (2002).

[78] D. Krome: *Charakterisierung der Tropfenkollektive von Hochdruckeinspritzsystemen für direkteinspritzende Dieselmotoren.* Diss. Universität Hannover, 2004. http://edok01.tib. uni-hannover.de/edoks/e01dh04/385595468.pdf (besucht am 14.12.2014).

[79] Antriebsforschung, Volkswagen AG: *unveröffentlichte interne Messungen.*

[80] H.-O. Herrmann u. a.: *Partikelfiltersysteme für Diesel-Pkw.* In: *MTZ - Motortechnische Zeitschrift*, Jahrgang 62, Nr. 9 (2001), S. 652–660. ISSN: 0024-8525. DOI: 10.1007/BF03 226593.

[81] K. Miyamoto u. a.: *Measurement of Oxygen Storage Capacity of Three-Way Catalyst and Optimization of A/F Perturbation Control to Its Characteristics*. SAE Technical Paper 2002-01-1094. Warrendale, PA: SAE International, 2002. DOI: 10.4271/2002-01-1094.

[82] H. Takubo u. a.: *New Lambda - Lambda Air-Fuel Ratio Feedback Control*. SAE Technical Paper 2007-01-1340. Warrendale, PA: SAE International, 2007. DOI: 10.4271/2007-01-1340.

[83] D. K. Feßler: *Modellbasierte On-Board-Diagnoseverfahren für Drei-Wege-Katalysatoren*. Diss. Karlsruhe: Karlsruher Institut für Technologie, 2011. ISBN: 9783866445932. http://edok01.tib.uni-hannover.de/edoks/e01fn12/656466987.pdf (besucht am 19. 12. 2014).

[84] K. C. Taylor: *Automobile Catalytic Converters*. Berlin, Heidelberg: Springer Berlin Heidelberg, 1984. ISBN: 9783540130642. DOI: 10.1007/978-3-642-69486-8.

[85] Elsevier: *Catalysis and Automotive Pollution Control, Proceedings of the First International Symposium (CAPOC I)*. Studies in Surface Science and Catalysis. Elsevier Science Ltd, 1987. ISBN: 9780444427786.

[86] H. Shinjoh u. a.: „Periodic Operation Effects on Automotive Noble Metal Catalysts – Reaction Analysis of Binary Gas Systems". In: *Catalysis and Automotive Pollution Control, Proceedings of the First International Symposium (CAPOC I)*. Nr. 30. Studies in Surface Science and Catalysis. Elsevier, 1987, S. 187–197. ISBN: 9780444427786. DOI: 10.1016/S0167-2991(09)60421-3.

[87] G. T. Engh und S. Wallman: *Development of the Volvo Lambda-Sond System*. SAE Technical Paper 770295. Warrendale, PA: SAE International, 1977. DOI: 10.4271/770295.

[88] C. D. Falk und J. J. Mooney: *Three-Way Conversion Catalysts: Effect of Closed-Loop Feed-Back Control and Other Parameters on Catalyst Efficiency*. SAE Technical Paper 800462. Warrendale, PA: SAE International, 1980. DOI: 10.4271/800462.

[89] J. S. Hepburn u. a.: *Development of Pd-only Three Way Catalyst Technology*. SAE Technical Paper 941058. Warrendale, PA: SAE International, 1994. DOI: 10.4271/941058.

[90] J. Braun u. a.: *Influence of Physical and Chemical Parameters on the Conversion Rate of a Catalytic Converter: A Numerical Simulation Study*. SAE Technical Paper 2000-01-0211. Warrendale, PA: SAE International, 2000. DOI: 10.4271/2000-01-0211.

[91] M. Tomforde u. a.: *A Post-Catalyst Control Strategy Based on Oxygen Storage Dynamics*. SAE Technical Paper 2013-01-0352. Warrendale, PA: SAE International, 2013. DOI: 10.4271/2013-01-0352.

[92] A. Trovarelli: *Catalytic Properties of Ceria and CeO 2 -Containing Materials*. In: *Catalysis Reviews*, Jahrgang 38, Nr. 4 (1996), S. 439–520. ISSN: 0161-4940. DOI: 10.1080/016 14949608006464.

[93] R. K. Herz: *Dynamic behavior of automotive catalysts. 1. Catalyst oxidation and reduction*. In: *Industrial & Engineering Chemistry Product Research and Development*, Jahrgang 20, Nr. 3 (1981), S. 451–457. ISSN: 0196-4321. DOI: 10.1021/i300003a007.

[94]   U. Sawut: *Development of New On-Board Diagnostic (OBD) Methods for Three-Way Catalysts Applicable to Various Driving: Examples of Application to a CNG Vehicle.* SAE Technical Paper 2012-01-1676. Warrendale, PA: SAE International, 2012. DOI: 10.4271/2012-01-1676.

[95]   P. Lambrou u. a.: *Dynamics of oxygen storage and release on commercial aged Pd-Rh three-way catalysts and their characterization by transient experiments.* In: *Applied Catalysis B: Environmental*, Jahrgang 54, Nr. 4 (2004), S. 237–250. ISSN: 09263373. DOI: 10.1016/j.apcatb.2004.06.018.

[96]   H. Yakabe u. a.: *Air-to-Fuel Ratio Control of Gas Engines Using Response Characteristics of Three-Way Catalysts under Dynamic Operation.* SAE Technical Paper 912362. Warrendale, PA: SAE International, 1991. DOI: 10.4271/912362.

[97]   M. M. Roy: *Effect of an oxidation catalyst and a three-way catalyst on odorous emissions in internal combustion engines.* In: *Proceedings of the Institution of Mechanical Engineers, Part D: Journal of Automobile Engineering*, Jahrgang 222, Nr. 6 (2008), S. 1021–1031. ISSN: 0954-4070. DOI: 10.1243/09544070JAUTO769.

[98]   S. Philipp: *Untersuchungen zur NOx-Einspeicherung an Ceroxid mittels IR-Spektroskopie in diffuser Reflexion.* Diss. Technische Universität Darmstadt, 2007.

[99]   T. Schalow: *Bildung und katalytische Aktivität partiell oxidierter Pd-Nanopartikel.* Diss. TU Berlin, 2006. http://opus4.kobv.de/opus4-tuberlin/files/1424/schalow\textunderscoretobias.pdf (besucht am 19. 12. 2014).

[100]   G. C. Koltsakis und A. M. Stamatelos: *Modeling dynamic phenomena in 3-way catalytic converters.* In: *Chemical Engineering Science*, Jahrgang 54, Nr. 20 (1999), S. 4567–4578. ISSN: 00092509. DOI: 10.1016/S0009-2509(99)00130-X.

[101]   R. K. Herz und J. A. Sell: *Dynamic behavior of automotive catalysts: III. Transient enhancement of water-gas shift over rhodium.* In: *Journal of Catalysis*, Jahrgang 94, Nr. 1 (1985), S. 166–174. ISSN: 00219517. DOI: 10.1016/0021-9517(85)90092-2.

[102]   D. Scharr: *Zeolithhaltige Katalysatoren für die Nachbehandlung von sauerstoffreichem Abgas aus Verbrennungsmotoren.* Diss. Institut für Technische Chemie, Universität Stuttgart, 2007. http://d-nb.info/986996122/34 (besucht am 19. 12. 2014).

[103]   I. Ellmers: *Selektive katalytische Reduktion von NOx durch NH3 an Fe-Zeolithen: Neue Erkenntnisse zu aktiven Zentren und Reaktionsmechanismen.* Diss. Ruhr-Universität Bochum, 2014. http://www-brs.ub.ruhr-uni-bochum.de/netahtml/HSS/Diss/EllmersInga/diss.pdf (besucht am 19. 12. 2014).

[104]   J. Kahrstedt u. a.: *Der neue 2,0l TDI zur Erfüllung der amerikanischen Emissionsgesetze in Volkswagens neuem Passat.* In: *32. Internationales Wiener Motorensymposium* (5.-6.5.2011).

[105]   R. Bitto u. a.: *Weiterentwicklung von PKW-SCR-Systemen mit Hilfe von Motorprüfstandsuntersuchungen und CFD-Simulationsrechnungen.* In: 19. Aachener Kolloquium Fahrzeug- und Motorentechnik (5.-6.10.2010).

[106]   B. Maurer u. a.: *Modellgasuntersuchungen mit NH3 und Harnstoff als Reduktionsmittel für die katalytische NOX-Reduktion*. In: *MTZ - Motortechnische Zeitschrift*, Jahrgang 60, Nr. 6 (1999), S. 398–405.

[107]   H. P. Latscha und M. Mutz: *Chemie der Elemente*. Bd. 4. Springer-Lehrbuch. Berlin: Springer, 2011. ISBN: 9783642169151.

[108]   M. Klimczak: *Entwicklung und Anwendung einer Technologie zur Untersuchung der chemischen Desaktivierung von SCR-Katalysatoren durch anorganische Gifte*. Diss. Technische Universität Darmstadt, 2010.

[109]   P. Balle: *Selektive katalysierte Reduktion von NOx mittels NH3 an Fe-modifizierten BEA-Zeolithen: KIT, Diss.–Karlsruhe, 2011*. Print on demand. Karlsruhe und Hannover: KIT Scientific Publishing und Technische Informationsbibliothek u. Universitätsbibliothek, 2011. ISBN: 9783866447066. http://edok01.tib.uni-hannover.de/edoks/e01fn12/669881627.pdf (besucht am 01. 12. 2014).

[110]   C. Winkler u. a.: *Modeling of SCR DeNOx Catalyst - Looking at the Impact of Substrate Attributes*. SAE Technical Paper 2003-01-0845. Warrendale, PA: SAE International, 2003. DOI: 10.4271/2003-01-0845.

[111]   P. Fills: *Vorlesungsumdruck: Verbrennung und Emission der Verbrennungskraftmaschine*. Institut für Verbrennungskraftmaschinen, TU Braunschweig, 2012.

[112]   A. Hertzberg: *Betriebsstrategien für einen Ottomotor mit Direkteinspritzung und NOx-Speicher-Katalysator*. Diss. Universität Karlsruhe, 2001.

[113]   U. Goebel u. a.: *Durability Aspects of NOx Storage Catalysts for Direct Injection Gasoline Vehicles*. SAE Technical Paper 1999-01-1285. Warrendale, PA: SAE International, 1999. DOI: 10.4271/1999-01-1285.

[114]   N. Fekete u. a.: *Evaluation of NOx Storage Catalysts for Lean Burn Gasoline Fueled Passenger Cars*. SAE Technical Paper 970746. Warrendale, PA: SAE International, 1997. DOI: 10.4271/970746.

[115]   J. Rudelt u. a.: *Abgasseitige Kraftstoffeinspritzung für aktive Partikelfilterregeneration*. In: *MTZ - Motortechnische Zeitschrift*, Jahrgang 66, Nr. 12 (2005), S. 973–977. ISSN: 0024-8525. DOI: 10.1007/BF03225369.

[116]   A. Mayer u. a.: *Passive Regeneration of Catalyst Coated Knitted Fiber Diesel Particulate Traps*. SAE Technical Paper 960138. Warrendale, PA: SAE International, 1996. DOI: 10.4271/960138.

[117]   P. Spurk u. a.: *Untersuchung von motorseitigen Regenerationsmethoden für kataly-tisch beschichtete Diesel-Partikelfilter für den Einsatz im Nutzfahrzeug*. In: *24. Internationales Wiener Motorensymposium* (15.-16.05.2003), S. 337–358.

[118]   F. Weberbauer u. a.: *Allgemein gültige Verlustteilung für neue Brennverfahren*. In: *MTZ - Motortechnische Zeitschrift*, Jahrgang 66, Nr. 2 (2005), S. 120–124.

[119]   R. Kuberczyk u. a.: *Wirkungsgradunterschiede zwischen Otto- und Dieselmotor*. In: *MTZ - Motortechnische Zeitschrift*, Jahrgang 70, Nr. 1 (2009), S. 82–89. ISSN: 0024-8525. DOI: 10.1007/BF03225461.

[120] H. Ogawa u. a.: *Ultra Low Emissions and High Performance Diesel Combustion with a Combination of High EGR, Three-Way Catalyst, and a Highly Oxygenated Fuel, Dimethoxy Methane (DMM).* SAE Technical Paper 2000-01-1819. Warrendale, PA: SAE International, 2000. DOI: 10.4271/2000-01-1819.

[121] S. Chase u. a.: *Stoichiometric Compression Ignition (SCI) Engine.* SAE Technical Paper 2007-01-4224. Warrendale, PA: SAE International, 2007. DOI: 10.4271/2007-01-4224.

[122] J. Cha u. a.: *Effects of equivalence ratio on the near-stoichiometric combustion and emission characteristics of a compression ignition (CI) engine.* In: *Fuel Processing Technology,* Jahrgang 106 (2013), S. 215–221. ISSN: 03783820. DOI: 10.1016/j.fuproc.2012.07.028.

[123] J. Kim u. a.: *Reduction in NOx and CO Emissions in Stoichiometric Diesel Combustion Using a Three-Way Catalyst.* In: *Journal of Engineering for Gas Turbines and Power,* Jahrgang 132, Nr. 7 (2010). ISSN: 07424795. DOI: 10.1115/1.4000290.

[124] J. Kim u. a.: *Experimental Investigation of Intake Condition and Group-Hole Nozzle Effects on Fuel Economy and Combustion Noise for Stoichiometric Diesel Combustion in an HSDI Diesel Engine.* SAE Int. J. Engines 2(1):1054-1067. Warrendale, PA: SAE International, 2009. DOI: 10.4271/2009-01-1123.

[125] S. Lee u. a.: *Stoichiometric Combustion in a HSDI Diesel Engine to Allow Use of a Three-way Exhaust Catalyst.* SAE Technical Paper 2006-01-1148. Warrendale, PA: SAE International, 2006. DOI: 10.4271/2006-01-1148.

[126] A. Mork: *Brennverfahren mit Kompressionszündung für alternative Kraftstoffe.* Diss. Magdeburg: Universität, 2012.

[127] D. Kim und S. Park: *Optimization of injection strategy to reduce fuel consumption for stoichiometric diesel combustion.* In: *Fuel,* Jahrgang 93 (2012), S. 229–237. ISSN: 00162361. DOI: 10.1016/j.fuel.2011.08.067.

[128] H. Wu: *Performance simulation and control design for diesel engine NOx emission reduction technologies.* Diss. University of Illinois at Urbana-Champaign, 2011-08-25. https://www.ideals.illinois.edu/handle/2142/26020 (besucht am 18. 11. 2014).

[129] R. Winsor u. a.: *Stoichiometric compression ignition (SCI) engine for ultra-low emissions.* In: *THIESEL 2012 Conference on Thermo- and Fluid Dynamic Processes in Direct Injection Engines* (11.-14.09.2012). Valencia, Spain.

[130] A. Maiboom und X. Tauzia: *Experimental Study of an Automotive Diesel Engine Running with Stoichiometric Combustion.* SAE Technical Paper 2012-01-0699. Warrendale, PA: SAE International, 2012. DOI: 10.4271/2012-01-0699.

[131] P. Solard u. a.: *Experimental Study of Intake Conditions and Injection Strategies Influence on PM Emission and Engine Efficiency for Stoichiometric Diesel Combustion.* SAE Int. J. Engines 4(1):639-649. Warrendale, PA: SAE International, 2011. DOI: 10.4271/2011-01-0630.

[132] R. Winsor und K. Baumgard: *Stoichiometric Compression Ignition (SCI) Engine Concept: DOE Contract DE-FC26-05NT42416.* http://energy.gov/sites/prod/files/2014/03/f9/2006_deer_winsor.pdf (besucht am 04. 06. 2014).

[133] H. Wu u. a.: *Integrated Simulation of Engine Performance and AFR Control of a Stoi-chiometric Compression Ignition (SCI) Engine*. SAE Technical Paper 2011-01-0698. Warrendale, PA: SAE International, 2011. DOI: 10.4271/2011-01-0698.

[134] S. R. Hoffman und J. Abraham: *Flamelet Structure in Diesel Engines under Lean and Stoichiometric Operating Conditions*. SAE Technical Paper 2008-01-1362. Warrendale, PA: SAE International, 2008. DOI: 10.4271/2008-01-1362.

[135] M. Harder: *Untersuchungen an einem Pkw mit stöchiometrisch betriebenem Dieselmotor zur Erfüllung zukünftiger Emissionsgesetzgebungen*. Diplomarbeit (unveröffentlicht). Ostfalia Hochschule für angewandte Wissenschaften Wolfsburg, 2013.

[136] T. Steinberg: *Untersuchung des Beladungs- und Regenerationsverhaltens eines Diesel-partikelfilters an einem aufgeladenen Dieselmotor mit stöchiometrischen Brennverfahren*. Masterarbeit (unveröffentlicht). Fachhochschule Stralsund, 2013.

[137] J.-H. Wittenburg: *Untersuchungen an einem Dieselmotor mit neuartigem Brennverfah-ren zur Vereinfachung der Abgasnachbehandlung*. Bachelorarbeit (unveröffentlicht). Hochschule für Angewandte Wissenschaften Hamburg, 2013.

[138] T. Ramp: *Untersuchung eines Dieselbrennverfahrens zur effizienten Abgasnachbe-handlung*. Diplomarbeit (unveröffentlicht). Brandenburgische Technische Universität Cottbus-Senftenberg, 2014.

[139] S. Elsaßer: *Thermodynamische Analyse eines stöchiometrischen Dieselbrennverfahrens an einem Nutzkraftfahrzeugmotor*. Diplomarbeit (unveröffentlicht). Technische Universi-tät Dresden, 2011.

[140] M. Schmitt: *Optimierung eines stöchiometrischen Dieselbrennverfahrens mittels CFD*. Diplomarbeit (unveröffentlicht). Rheinisch-Westfälische Technische Hochschule Aachen, 2010.

[141] K. Sung u. a.: *Experimental study of pollutant emission reduction for near-stoichiometric diesel combustion in a three-way catalyst*. In: *International Journal of Engine Research*, Jahrgang 10, Nr. 5 (2009), S. 349–357. ISSN: 1468-0874. DOI: 10.1243/14680874 JER04109.

[142] S. W. Park: *Optimization of combustion chamber geometry for stoichiometric diesel combustion using a micro genetic algorithm*. In: *Fuel Processing Technology*, Jahrgang 91, Nr. 11 (2010), S. 1742–1752. ISSN: 03783820. DOI: 10.1016/j.fuproc.2010.07.015.

[143] S. W. Park und R. D. Reitz: *Optimization of fuel/air mixture formation for stoichiometric diesel combustion using a 2-spray-angle group-hole nozzle*. In: *Fuel*, Jahrgang 88, Nr. 5 (2009), S. 843–852. ISSN: 00162361. DOI: 10.1016/j.fuel.2008.10.028.

[144] S. Lee u. a.: *Effects of Engine Operating Parameters on near Stoichiometric Diesel Combustion Characteristics*. SAE Technical Paper 2007-01-0121. Warrendale, PA: SAE International, 2007. DOI: 10.4271/2007-01-0121.

[145]   J.-H. Kim u. a.: *Improvements in the performance and pollutant emissions for stoichio-metric diesel combustion engines using a two-spray-angle nozzle.* In: *Proceedings of the Institution of Mechanical Engineers, Part D: Journal of Automobile Engineering,* Jahrgang 224, Nr. 8 (2010), S. 1113–1122. ISSN: 0954-4070. DOI: 10.1243/09544070JA UTO1457.

[146]   X. Tauzia und A. Maiboom: *Experimental study of an automotive Diesel engine efficiency when running under stoichiometric conditions.* In: *Applied Energy,* Jahrgang 105 (2013), S. 116–124. ISSN: 03062619. DOI: 10.1016/j.apenergy.2012.12.034.

[147]   S. W. Park und R. D. Reitz: *Modeling the Effect of Injector Nozzle-Hole Layout on Diesel Engine Fuel Consumption and Emissions.* In: *Journal of Engineering for Gas Turbines and Power,* Jahrgang 130, Nr. 3 (2008), S. 032805. ISSN: 07424795. DOI: 10.1115/1.2835 352.

[148]   C. Tachy und J.-C. Beziat: *Device for treating nitrogen oxides of motor vehicle exhaust gases.* Pat. US2008/0282680A1. 20.11.2008.

[149]   D. Mehta u. a.: *Fuel injection during negative valve overlap for stoichiometric diesel operations.* Pat. US2013/0006498A1. 3.01.2013.

[150]   R. W. Dibble u. a.: *System and methods for stoichiometric compression ignition engine control.* Pat. US8646435B2. 11.02.2014.

[151]   F. Hiroshi: *Exhaust emission control device.* Pat. JP2009215977. 24.09.2009.

[152]   A. Pfäffle u. a.: *Verfahren und Steuergerät zum Betreiben eines Dieselmotors.* Pat. DE10 2006041674A1. 27.03.2008.

[153]   T. Klingemann u. a.: *Verfahren zum Betreiben einer Verbrennungskraftmaschine so-wie zur Ausfuehrung des Verfahrens eingerichtetes Steuergeraet.* Pat. EP2436899A2. 4.4.2012.

[154]   H.-J. Bruene und G. Weiss: *Verfahren zum Betreiben einer Diesel-Brennkraftmaschine.* Pat. DE102009015900A1. 7.10.2010.

[155]   C. Heimermann u. a.: *Brennkraftmaschine mit Sekundärluftzuführung sowie ein Verfahren zum Betreiben dieser.* Pat. DE102009043087A1. 31.03.2011.

[156]   T. Klingemann u. a.: *Vorrichtung zum Erzeugen von elektrischer Energie.* Pat. DE10201 1121601A1. 20.06.2013.

[157]   T. Klingemann u. a.: *Device for generating electrical energy.* Pat. WO2013087222A1. 20.06.2013.

[158]   E. Pott und M. Zillmer: *Verfahren und Vorrichtung zum Betreiben einer Brennkraftma-schine.* Pat. DE10305451A1. 29.07.2004.

[159]   U. Scher u. a.: *Verfahren zum Betreiben einer selbstzündenden Brennkraftmaschine.* Pat. DE102009053462A1. 19.05.2011.

[160]   J. B. Heywood: *Internal combustion engine fundamentals.* New York: McGraw-Hill, 1988. ISBN: 9780070286375.

[161]   B. Mahakul und R. E. Winsor: *Stoichiometric compression ignition engine with increased power output*. Pat. US20100071364A1. 25.03.2010.

[162]   O. Balthes u. a.: *Betriebsverfahren für einen Kraftfahrzeug-Dieselmotor mit einer Abgasreinigungsanlage*. Pat. DE102011017486A1. 25.10.2012.

[163]   T. Klingemann u. a.: *Verfahren zum Betreiben einer Verbrennungskraftmaschine sowie zur Ausfuehrung des Verfahrens eingerichtetes Steuergeraet*. Pat. DE102010047415A1. 5.4.2012.

[164]   A. Groenendijk u. a.: *Verfahren zur Reduzierung der NOx-Emission von Dieselmotoren*. Pat. DE102005059451A1. 21.07.2007.

[165]   A. Groenendijk u. a.: *Verfahren zur Reduzierung der NOx-Emissionen von Dieselmotoren*. Pat. WO2007068328A1. 21.06.2007.

[166]   Y. Takahashi u. a.: *Exhaust gas purifying device*. Pat. JP6123218A. 15.06.1994.

[167]   R. P. Durrett: *Verfahren und Vorrichtung zur Abgasnachbehandlung von einem Verbrennungsmotor*. Pat. DE102011009245A1. 1.9.2011.

[168]   H.-J. Neußer u. a.: *Die neue modulare TDI-Generation von Volkswagen*. In: *33. Internationales Wiener Motorensymposium* (26.-27.04.2012), S. 85–110.

[169]   M. Dockhorn: *Regelungskonzept zur energieeffizienten Abgasnachbehandlung von Dieselmotoren*. Diss. Berlin und Magdeburg: Univ., Fak. für Maschinenbau, 2012.

[170]   R. Kuratle: *Motorenmesstechnik*. Würzburg: Vogel Business Media, 1995. ISBN: 978-3802315534.

[171]   J. Winterhagen: *EU will ab 2017 realistischere und weltweit gültige Verbrauchsangaben*. In: *Automobilwoche* (11.05.2013).

[172]   R. W. Thom: *15. Typgenehmigung von Pkw mit elektrifizierten Antrieben*. In: *MTZ - Motortechnische Zeitschrift*, Jahrgang 74, Nr. 9 (2013), S. 692–699.

[173]   P. Trechow: *Veto der Bundeskanzlerin zu EU-CO2-Zielen hilft Autoherstellern mehr als Zulieferern*. In: *Ingenieur.de* (5.07.2013). http://www.ingenieur.de/Politik-Wirtschaft/En ergie-Umweltpolitik/Veto-Bundeskanzlerin-zu-EU-CO2-Zielen-hilft-Autoherstellern-Zulieferern (besucht am 19.12.2014).

[174]   Europäische Union: *VERORDNUNG (EU) 2016/427 DER KOMMISSION vom 10. März 2016 zur Änderung der Verordnung (EG) Nr. 692/2008 hinsichtlich der Emissionen von leichten Personenkraftwagen und Nutzfahrzeugen (Euro 6)*.

[175]   Europäische Union: *VERORDNUNG (EU) 2016/646 DER KOMMISSION vom 20. April 2016 zur Änderung der Verordnung (EG) Nr. 692/2008 hinsichtlich der Emissionen von leichten Personenkraftwagen und Nutzfahrzeugen (Euro 6)*.

[176]   Europäische Union: *RICHTLINIE 2007/46/EG DES EUROPÄISCHEN PARLAMENTS UND DES RATES vom 5. September 2007 zur Schaffung eines Rahmens für die Genehmigung von Kraftfahrzeugen und Kraftfahrzeuganhängern sowie von Systemen, Bauteilen und selbstständigen technischen Einheiten für diese Fahrzeuge*.

[177] J. J. Mooney u. a.: *Three-Way Conversion Catalysts Part of the New Emission Control System*. SAE Technical Paper 770365. Warrendale, PA: SAE International, 1977. DOI: 10.4271/770365.

[178] EnginOS GmbH: *TIGER: thermodynamische Berechnungssoftware, Version 2.1*.

[179] S. Ebener u. a.: *Keramische Diesel-Partikelfilter: Material - Design - Funktion*. In: *Andreas Mayer: Minimierung der Partikelemissionen von Verbrennungsmotoren*, Nr. 36 (2004). Haus der Technik Fachbuch, expert verlag, Renningen, S. 150–163.

[180] A. Konstandopoulos u. a.: *Modelling of Diesel Particulate Filters*. In: *Andreas Mayer: Minimierung der Partikelemissionen von Verbrennungsmotoren*, Nr. 36 (2004). Haus der Technik Fachbuch, expert verlag, Renningen, S. 94–107.

[181] H.-J. Rembor: *Grundwissen zur Heißgasfiltration von Feinstpartikeln*. In: *Andreas Mayer: Minimierung der Partikelemissionen von Verbrennungsmotoren*, Nr. 36 (2004). Haus der Technik Fachbuch, expert verlag, Renningen, S. 144–149.

[182] F. J. J. G. Janssen und R. A. v. Santen: *Environmental catalysis*. Bd. 1. Catalytic Science Series. London: Imperial College Press, 1999. ISBN: 9781848160613.

[183] R. Sandig: *DPF-Beladungsprozedur: Vorhaben Nr. 963, Entwicklung und Verifizierung einer DPF-Beladungsprozedur*. Hrsg. von Forschungsvereinigung Verbrennungskraftmaschinen. Abschlussbericht. 2009.

[184] G. Höhne: *Untersuchungen zur oxidativen Regeneration von Diesel-Partikelfiltern*. Diss. Hannover, 2005. https://www.deutsche-digitale-bibliothek.de/binary/PVWQK6H3YYK TRBVEGLU3DUY5JCC3KKQG/full/1.pdf (besucht am 26. 03. 2015).

Anhang

A.1 Berechnung stöchiometrischer Luftbedarf

Kraftstoffe sind ein komplexes Gemisch aus vielen verschiedenen Kohlenwasserstoffen mit den Elementen C und H_2. Für schwefelfreie Kraftstoffe kann der entsprechende stöchiometrische Luftbedarf (l_{st}) anhand der Massenanteile von C und H_2 im Kraftstoff und anhand des Massenanteils von O_2 in der Luft nach Gleichung (A.2) und Gleichung (A.1) errechnet werden [4].

$$O_2 = 2,67 \cdot C + 8 \cdot H_2 - O_2 \tag{A.1}$$

$$Luft = \frac{O_2}{0,23} \tag{A.2}$$

Tabelle A.1 zeigt die Massenanteile.

Tabelle A.1: Massenanteile [4]

Stoff	Massenanteil in %		
	C	H_2	O_2
Luft	--	-	0,23
Superbenzin	$\sim 85,1$	$\sim 13,9$	~ 1
Diesel	$\sim 86,3$	$\sim 13,7$	-

Rechenbeispiel für Superbenzin:

$$l_{st} = \frac{2,67 \cdot 0,851 + 8 \cdot 0,139 - 0,01}{0,23}$$

$$l_{st} = 14,67 \, \frac{kg \, Luft}{kg \, Kraftstoff}$$

Rechenbeispiel für Diesel:

$$l_{st} = \frac{2,67 \cdot 0,863 + 8 \cdot 0,137}{0,23}$$

$$l_{st} = 14,78 \, \frac{kg \, Luft}{kg \, Kraftstoff}$$

© Springer Fachmedien Wiesbaden GmbH, ein Teil von Springer Nature 2018
C. Kröger, *Stöchiometrisches heterogenes Dieselbrennverfahren im stationären und instationären Motorbetrieb*, AutoUni – Schriftenreihe 125,
https://doi.org/10.1007/978-3-658-22501-8

A.2 Versuchsmotor

Tabelle A.2: Technische Daten des Versuchsmotors

Arbeitsverfahren	
Gemischbildung	innere, Direkteinspritzung
Zündung	Selbstzündung
Taktzahl	Vier
Kraftstoff	Diesel
Abmessungen	
Anzahl der Zylinder	4
Hubraum	$1968\,\text{cm}^3$
Hub	$95{,}5\,\text{mm}$
Bohrung	$81{,}0\,\text{mm}$
Hubbohrungsverhältnis	1,18
Pleuellänge	$144\,\text{mm}$
Verdichtungsverhältnis	16,5
Ventiltrieb	
Antrieb der Nockenwellen	Zahnriemen
Nockenwellenanordnung	doppelte obenliegende Nockenwelle
Ventile pro Brennraum	4, gedrehter Ventilstern
Art des Phasenstellers	Flügelzellenversteller
Verstellbereich	10 bis 60 °KW, jeweils ein AV und EV
Leistung	
maximales Drehmoment	320 Nm bei 1750 – 3000 1/min
Nennleistung	110 kw bei 4250 1/min
Aufladung	
Turbolader	variable Turbinengeometrie
max. Betriebstemperatur Turbine	850 °C
Motormanagement und Einspritzsystem	
Motormanagement	Bosch EDC 17 mit ETK, externes Motorregelungssystem
Hochdruckpumpe	Bosch CR CP4.1
Maximaler Raildruck	2000 bar
Injektor	Bosch 8-Loch, $660\ \frac{\text{cm}^3}{10\text{MPa}\ 60\text{s}}$, Strahlkegelwinkel 162°
Abgasnachbehandlung	
Oxidationskatalysator	$111\ \frac{\text{g}}{\text{ft}^3}$, 1,4 l, Edelmetallverhältnis Pt:Pd:Rh - 3:2:0
Drei-Wege-Katalysator	$150\ \frac{\text{g}}{\text{ft}^3}$, 1,7 l Edelmetallverhältnis Pt:Pd:Rh - 0:143:7
Dieselpartikelfilter	$25\ \frac{\text{g}}{\text{ft}^3}$, 3,0 l, SiC, Edelmetallverhältnis Pt:Pd:Rh – 1:1:0

A.3 Leistungsbremse

Tabelle A.3: Technische Daten des Drehmomentenmessflansches

Drehmomentenmessflansch	
Hersteller	Hottinger Baldwin Messtechnik GmbH
Typ	T10F
Messsystem	Dehnmessstreifen
Genauigkeitsklasse	0,1
Nenndrehmoment	1000 Nm
Drehsteifigkeit	$1800 \frac{kNm}{rad}$
Verdrehwinkel bei Nenndrehmoment	$0.032°$
Massenträgheitsmoment Rotor	$13,2 \, kg \cdot m^2$
Gebrauchstemperaturbereich	$-10 \ldots +60°C$

Tabelle A.4: Technische Daten der Asynchronmaschine

Asynchronmaschine	
Hersteller	Siemens
Typ	15R93272Q90
Leistung	300 kW
maxiamle Drehzahl	9010 1/min
maximales Drehmoment	700 Nm

A.4 Messtechnik

Tabelle A.5: Technische Daten der Kraftstoffmessung und -konditionierung

Kraftstoffmessung und -konditionierung	
Hersteller	AVL
Typ	733S
Massenstrom	$0 \ldots 150 \frac{kg}{h}$
Fassungsvermögen	1800 g
Messfrequenz	max. 10 Hz
Messfehler	< 0,12 %
Kraftstofftemperatur	$10 \ldots 80° C$
Umgebungstemperatur	$5 \ldots 50°C$

Tabelle A.6: Technische Daten des Luftmassenerfassungssystem

Luftmassenanemomenter	
Hersteller	ABB
Typ	Sensyflow
Messsystem	Thermisch: Heißfilm-Anemometer
Messunsicherheit (inkl. Hysterese und Nichtlinearität)	$< \pm 1$ % (vom Messwert)
Reproduzierbarkeit	$< \pm 0,25$ % (vom Messwert)
Temperatureinfluss	$< \pm 0,03 \frac{\%}{K}$ (vom Messwert)
Druckeinfluss	$< \pm 0,2 \frac{\%}{bar}$ (vom Messwert)
Ansprechzeit	12 ms
Umgebungstemperatur	-25 bis + 80 °C

Tabelle A.7: Technische Daten der Temperatursensoren

Temperatursensor	
Bezeichnung	Thermoelement
Fühlertyp	Typ K (NiCr-Ni)
Messbereich	-220 bis 1150 °C
Messgenauigkeit	$\pm 1,5$ K
Ansprechzeit	< 1 s

Tabelle A.8: Technische Daten der Drucksensoren

Drucksensoren	
Hersteller	Wika
Typ	D-10-9
Messbereich	0 - 6 bar
Messgenauigkeit	± 0.2 %
Hersteller	Druck- und Durchflussmessung Peter Arbes e.K.
Typ	PV-22
Messbereich	-1 bis 4 bar
Messgenauigkeit	$< 0,25$ %
Ansprechzeit	$< 0,5$ ms

Tabelle A.9: Technische Daten der AGR-Messgerät

AGR-Messgerät	
Hersteller	PEUS Systems GmbH
Typ	PEGACon EGR Lite
Berechnung AGR-Rate	AGR-Rate $= \dfrac{CO_{2,\,Saugrohr} - CO_{2,\,Umgebung}}{CO_{2,\,Abgas} - CO_{2,\,Umgebung}}$

Tabelle A.10: Technische Daten der Abgasmessung

Rußmessgerät	
Hersteller	AVL
Typ	415 S
SESAM Abgasanalyse	
Hersteller	ABB
Typ	Advance Cemas-FTIR
Messung	NO, NO_2, NH_3, CO_2, CO,
Flammenionisationsdetektor	
Bezeichnung	FID-Analysatormodul
Hersteller	ABB
Typ	Multi FID 14
Messung	HC
Sauerstoffanalysator	
Bezeichnung	Sauerstoff-Analysatormodul
Hersteller	ABB
Typ	Magnos 16
Messung	O_2

Tabelle A.11: Ergebnisse Kalibrierung Abgasmessanlage (Totzeiten)

Gas	T90-Zeit[1]
NO_2	8,23 s
NO	6,19 s
NO_x	6,13 s
CO_2	6,07 s
CO	6,12 s
O_2	18,24 s
C_3H_8	8,35 s
NH_3	68 s
NH_3-Endwert	105 s

---

[1] Zeit bis 90 % des Sollwertes erreicht sind

Tabelle A.12: Technische Daten der Zylinderdruckindizierung

Kurbelwinkelgeber	
Hersteller	AVL
Typ	365C
Drehzahlbereich	20 - 20 000 1/min
Auflösung	0,1 °KW
Niederdruckindizierung	
Hersteller	Kistler
Typ	4049A5S
Messbereich	0 bis 5 bar
Linearität	$\leq \pm 0,2$ % FSO
Temperaturbereich	0 bis 120 °C
Ladungsverstärker	Kistler, Typ 4603
Hochdruckindizierung	
Hersteller	Kistler
Typ	6056A
Messbereich	0 ... 250 bar
Betriebstemperaturbereich	-50 bis 400 °C
Linearität	$\leq \pm 0,3$ % FSO
Empfindlichkeit	$\approx$ -20 $\frac{pC}{bar}$
Ladungsverstärker	Kistler, Typ 5011
Indiziersystem	
Hersteller	SMETEC
Typ	COMBI

Tabelle A.13: Technische Daten der Waage

Waage	
Hersteller	Kern
Typ	PES 15000-1M
Wägebereich (Max)	15000 g
Mindestlast (Min)	1800 g
Ablesbarkeit	0,1 g
Eichwert	1 g

A.5 Prüfzyklen

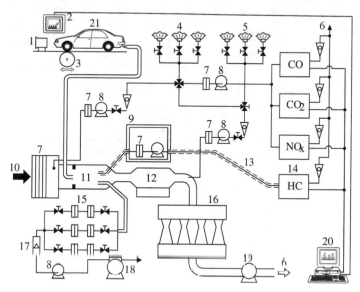

1 Proportionalgebläse	8 Pumpe	15 Messfilter
2 Fahrerleitmonitor	9 beheizter Vorfilter	16 Venturi Düsen
3 Dynamometer	10 Verdünnungsluft	17 Durchflussmesser
4 Luftbeutel	11 Verdünnungstunnel	18 Gaszähler
5 Abgasbeutel	12 Wärmetauscher	19 CVS-Gebläse
6 Absaugung	13 beheizte Leitung	20 PC zur Steuerung/Analyse
7 Filter	14 Gasanalysatoren	21 Versuchsfahrzeug

Abbildung A.1: Schematischer Aufbau des Fahrzeugprüfstandes, eigene Darstellung nach
[26]

Tabelle A.14: Rolleneinstellwerte Fahrzyklen (Angaben für Scheitelrolle)

Fahrzyklus	Schwungmassenklasse in lbs	F0 in N	F1 in N/km/h	F2 in $N/(km/h)^2$
NEDC Pkw	3500	30,6	0,37	0,0296
NEDC Nkw	5000	9,9	0	0,0674
WLTC Nkw	6000	12,9	0	0

Tabelle A.15: Normierte Werte und Dauer der WHSC-Stufen [20]

Stufe	Drehzahl in %	Drehmoment in %	Stufendauer in s	Wichtungsfaktor
1	0	0	210	11
2	55	100	50	3
3	55	25	250	13
4	55	70	75	4
5	35	100	50	3
6	25	25	200	11
7	45	70	75	4
8	45	25	150	8
9	55	50	125	7
10	75	100	50	3
11	35	50	200	11
12	35	25	250	13
13	0	0	210	11
Gesamt			**1895**	

A.6 Wirkungsgrad und Verlustteilung

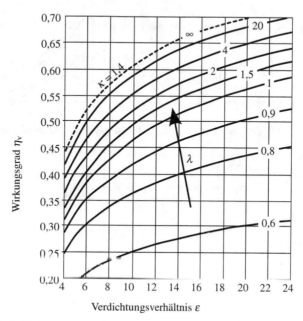

Abbildung A.2: Wirkungsgrad Gleichraumprozess η_{GR} in Abhängigkeit vom Verdichtungsverhältnis ε und der Gaszusammensetzung λ als Funktion des Isentropenexponenten κ, eigene Darstellung nach [18] und [19]

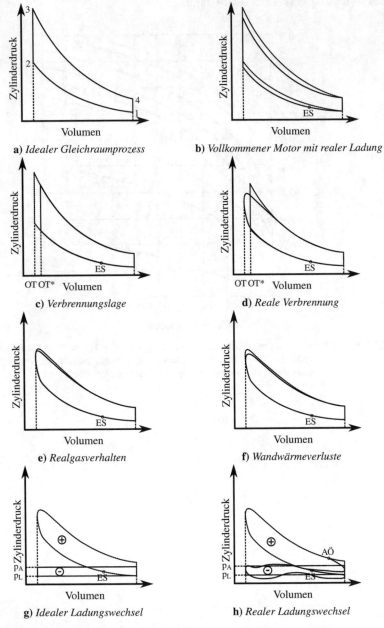

Abbildung A.3: Schrittweise Darstellung der Verluste beim Verbrennungsmotor

A.7 Ausräumfunktion

Tabelle A.16: Dauer Ausräumfunktion in s, Stützstellen inneres Drehmoment in Nm und Drehzahl in 1/min

Drehmoment \ Drehzahl	1000	1250	1500	1750	2000	2500	3000	3500	4500
0	3,03	2,72	2,12	1,51	1,21	0,61	0,55	0,55	0,55
25	3,03	2,72	2,12	1,51	1,21	0,61	0,55	0,55	0,55
50	3,03	2,72	2,12	1,51	1,21	0,61	0,55	0,55	0,55
90	3,03	2,72	2,12	1,51	1,21	0,61	0,55	0,55	0,55
120	3,03	2,72	2,12	1,51	1,21	0,61	0,55	0,55	0,55
150	3,03	2,72	2,12	1,51	1,21	0,61	0,55	0,55	0,55
180	3,03	2,72	2,12	1,51	1,21	0,61	0,55	0,55	0,55
210	3,03	2,72	2,12	1,51	1,21	0,61	0,55	0,55	0,55
240	3,03	2,72	2,12	1,51	1,21	0,61	0,55	0,55	0,55
300	2,75	2,42	1,82	1,32	1,05	0,61	0,55	0,55	0,55
360	2,48	2,12	1,51	1,21	0,91	0,61	0,55	0,55	0,55

A.7.1 Bestimmung Kraftstoffmehrverbrauch

Der Kraftstoffmehrverbauch infolge der Ausräumfunktion wird anhand des Zeitanteil der aktiven Ausräumfunktion während des gesamten WHTCs und des Luftverhältnisses abgeschätzt.

Zeitanteil Ausräumfunktion aktiv im WHTC:

$$T_a = 6\,\% \tag{A.3}$$

Luftverhältnis während des Ausräumens:

$$\lambda_{\text{Ausräum}} = 0,95 \tag{A.4}$$

Aus dem abgesenkten Luftverhältnis folgt unter Annahme von idealen Bedingungen ein Kraftstoffmehrverbrauch von 5 % während die Ausräumfunktion aktiv ist.

$$0,06 \cdot 0,05 = 0,003 \Rightarrow \underline{0,3\%} \tag{A.5}$$

Infolge der Ausräumfunktion steigt der Kraftstoffverbrauch um 0,3 % an.

A.8 Abschätzung Rußeintrag

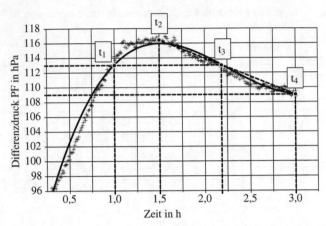

Abbildung A.4: Abschätzung Rußeintrag nach 1,5 h, Betriebspunkt 2250 1/min und 215 Nm

Anhand der Wägung nach einer und drei Stunden wird der entsprechende Differenzdruck zugeordnet. Der Fehler der Nichtlinearität von Gegendruck im Partikelfilter und Rußeintrag wird vernachlässigt.

$$t_1 = 1\,\text{h} \rightarrow \Delta p_{1\,\text{h}} = 113\,\text{hPa} \,\widehat{=}\, m_{\text{Ruß},1\,\text{h}} = 15,5\,\text{g} \tag{A.6}$$

$$t_4 = 3\,\text{h} \rightarrow \Delta p_{1\,\text{h}} = 109\,\text{hPa} \,\widehat{=}\, m_{\text{Ruß},3\,\text{h}} = 14,1\,\text{g} \tag{A.7}$$

Dementsprechend ist zu dem Zeitpunkt $t_3 = 2,18\,\text{h}$, wo $\Delta p_{2,18\,\text{h}} = \Delta p_{1\,\text{h}}$, die Masse identisch zu dem Zeitpunkt $t = 1\,\text{h}$.

$$\Delta p_{1\,\text{h}} = \Delta p_{2,18\,\text{h}} = 113\,\text{hPa} \,\widehat{=}\, m_{\text{Ruß},1\,\text{h}} = m_{\text{Ruß},2,18\,\text{h}} = 15,5\,\text{g} \tag{A.8}$$

Unter der Annahme, dass die Differenzdruckabnahme von dem Zeitpunkt $t_2 = 1,5\,\text{h}$ bis zum Ende der Messung $t_3 = 1,5\,\text{h}$ linear ist, kann anhand der Steigung mit Hilde der Differenzmasse und der Zeitdifferenz die Masse zu dem Zeitpunkt $t_2 = 1,5\,\text{h}$ ermittelt werden.

$$\Delta m_{\text{Ruß},1,5\,\text{h}} = \frac{15,4\,\text{g} - 14,1\,\text{g}}{3,0\,\text{h} - 2,18\,\text{h}} \cdot (3,0\,\text{h} - 1,5\,\text{h}) = \underline{2,4\,\text{g}} \rightarrow \underline{\underline{16,5\,g}} \tag{A.9}$$

A.9 Zusätzliche Diagramme

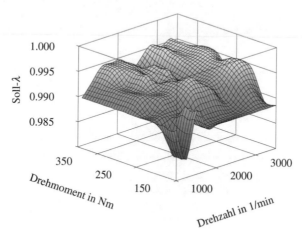

Abbildung A.5: stationäres Soll-Lambda-Kennfeld, Messstelle vor Oxidationskatalysator

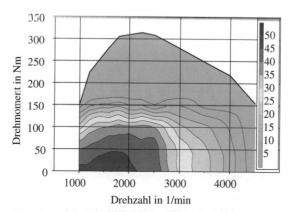

Abbildung A.6: Eingestellte AGR-Rate für den gemischt stöchiometrischen Betrieb

Printed in the United States
By Bookmasters